KB275587

지구에서 살아남기

Young Scientist's Guide to Defying Disasters with Skill & Daring
Text © 2012 James Doyle.
Illustrations © Andrew Brozyna.

All rights reserved. No part of this book may be reproduced by any means whatsoever without written permission from the publisher, except brief portions quoted for purpose of review. Published in the United States of America by Gibbs Smith, Publisher
Korean language edition published by Toth Publishing Co., 2013.

* 이 책의 한국어판 저작권은 PubHub 에이전시를 통한 저작권자와의 독점 계약으로 토트출판사에 있습니다.
* 저작권법에 의해 한국 내에서 보호를 받는 저작물이므로 무단 전재와 복제를 금합니다.

지구에서 살아남기

제임스 도일 지음 | 신기해 옮김

세상을 깜짝 놀라게 한

일본 대지진과 쓰나미가 발생한 지도 벌써 2년이 지났습니다. 이 끔찍한 자연재해로 2만여 명이 죽거나 실종되었고, 33만 명이 살 곳을 잃었습니다. 폭발한 원자력 발전소에서 흘러나온 방사능 물질이 주변을 오염시켰으며, 건물이 무너진 도시들은 폐허가 되었습니다.

인간이 피할 수 없는 자연 현상으로 생긴 재해를 우리는 '자연재해'라 부릅니다. 때로는 지진이나 쓰나미와 같은 커다란 파괴력으로, 때로는 태풍이나 토네이도 같은 무자비한 소용돌이로, 자연재해는 인간을 위협하고 있습니다.

그러나 지구 입장에서는 다소 억울할 법도 합니다. 지구는 태어난 후 지금까지 46억 년 동안 여러 지각 활동을 통해 끊임없이 움직여 왔습니다. 갖가지 자연

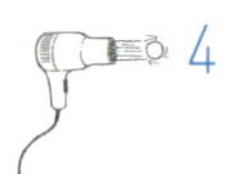

재해가 인간에게 큰 피해를 주는 건 사실이지만, 이는 지구가 숨 쉬고 살아가는, 그야말로 자연스러운 과정일 뿐이니까요.

문제는 최근 들어 자연재해가 더욱 자주 일어나며, 그로 인한 피해가 눈에 띄게 커진다는 사실입니다. 인간의 무분별한 개발이 가져온 지구 온난화와 기후 변화, 환경 파괴 때문입니다.

그렇다면 우리는 속수무책 당하고만 있어야 할까요? 이번 기회에 자연재해의 모습을 한 지구의 여러 지각 활동을 실험으로 이해하고, 피해를 줄일 수 있는 대처 방법을 알아보는 건 어떨까요? 자연재해를 완전히 막을 수는 없지만, 분명 위험천만한 재난 상황에서 목숨을 구할 열쇠가 되어줄 것입니다.

목차

1

자연재해

2

기상 현상

3

끔찍한 야수들

미래 과학자의 재난 실험실

여기서 잠깐!

이제 우리에게 선택의 시간이 얼마 남지 않았다. 바로 지금, 이곳에서 우리는 목적지를 결정해야만 한다. 만약 비위가 약하거나, 바지에 오줌을 쌀 정도로 겁쟁이라면, 이 책을 발견한 곳에 다시 갖다 놓은 다음, 가능한 한 멀리 떨어져 있자. 책을 읽는 동안 쿵쾅대는 심장을 주체하기 어려울 테니까. 반면, 모험에 목말라 있고 위험을 피하지 않고 즐기며, 겁쟁이가 아니라면 환영이다. 이 책의 마지막까지 함께한다면 지구 상에서 가장 위험한 순간에도 대처하는 법을 알고, 살아남는 기술을 갖게 될 것이다.

무엇이든 쓸어버리는 허리케인으로부터 살아남는 법을 알고 싶은가? 아니면 초대형 쓰나미에서 생존하는 법? 화산 쇄설암 폭탄을 피하는 게 가능할까? 아니면 라하르 위에 올라타서? 이 질문에 모두 "예!"를 외친다면 제대로 찾아온 셈이다. 언제 어디서 일어나는지 상관없이 그 어떤 재해에서도 살아남는 방법을 알려주는 안내서가 바로 여기에 있다. 가장 높은 산과 깊은 바다에서 대처하는 방법을 배울 수 있을 뿐만 아니라, 꽁꽁 언 북극과 무더운 사막, 그리고 그 사이에 있는 모든 것을 탐험할 것이다. 무엇보다, 생존법을 알려주는 데 그치지 않고, 지구 과학과 역학의 원리가 담긴 과학 실험도 함께 엿볼 수 있다. 이 책은 지구의 어떤 위험에서도 우리를 구해줄 것이다. 그러니 뇌를 깨우고 일생일대의 여정을 준비하자.

1

자연재해

Natural Catastrophes

풀리기 시작한 미스터리

우윳빛 바다 Milky Seas

바다는 신비의 공간이다. 아마도 인간이 완전하게 정복하지 못한 미지의 세계이기 때문일 거다. 덕분에 우리는 말과 글로써 바다에 대한 갖가지 미스터리를 접할 수 있다. 그렇다면 이런 미스터리는 어떨까? 눈앞에 펼쳐진 바다가 우유처럼 새하얗다면 말이다. 과연 우리는 이런 이상한 현상을 목격하고도 믿을 수 있을까?

'우윳빛 바다'라는 단어는 말 그대로 바다의 색깔이 우유 빛깔처럼 반짝이는 현상에서 따온 말이다. 생명을 위협하지는 않지만, 어떤 용감한 탐험가에게는 가슴이 터질 듯한 경험이 될 만큼 희귀한 현상이다. 뱃사람들 사이에서는 오래전부터 전설로 전해 내려왔으며, 18세기 쥘 베른의 소설 『해저 2만 리』에 등장하기도 했다. 1915년부터 우윳빛 바다를 목격했다는 기록은 235건에 이르며, 대부분 인도양 북서쪽과 인도네시아 자바 섬 근처에서 일어난 것으로 보고되었다. 그러나 최근까지 과학적으로 증명되지 못한 채 경험담에 의존할 뿐이었다.

그럼에도 목격자들의 진술은 대부분 비슷했다. 선원들은 "바다에 눈이 쌓여 있는 것 같았다"거나 "거대한 우윳빛 바다 위를 미끄러지듯 지나가는 기분이었다"는 등 자신의 경험을 떠올렸고, 모두 달빛조차 거의 없는 어두컴컴한 상태에서 일어난 일이라고 입을 모아 얘기했다.

반짝반짝 빛나는 바다는 해수면을 따라 사방으로 펼쳐져 있고, 경우에 따라 짧게는 몇 시간, 길게는 며칠 동안 지속되기도 했다.

그러다가 최근에 이르러서 전문가들은 우윳빛 바다에 대한 명확한 과학적 증거를 확보했다. 1995년 1월 25일, 아프리카 소말리아 해안을 떠나 인도양 북서쪽으로 항해하던 영국 상선 리마(S.S. Lima)가 우윳빛 바다 안으로 들어서게 되었고, 이 사건이 공식적으로 기록되기를 원했던 이 배의 선장이 미국 해군 연구소(NRL)에 상황을 알렸던 것. 보고를 받은 미국 해군 연구소의 연구 팀은 극히 적은 양의 가시광선도 감지할 수 있는 특수 위성을 이용해 우주에서 우윳빛 바다를 추적했다.

그 결과 연구 팀은 거대한 지역에 걸쳐 반짝거리는 바다를 발견하는 데 성공했다. 크기는 대략 1만 5,000km²(서울의 약 25배에 해당하는 면적) 이상이었고, 길이는 300km가 넘었다. 그렇게 그 빛은 사흘 밤 동안 계속 되었다. 왜 이런 일이 일어났는지에 대해 여전히 논의 중이지만, 과학자 들은 이 현상이 매우 강력한 생체발광(생물의 몸에서 빛을 내는 현상)과 연관 이 있을 것이라고 믿는다. 그 빛의 주인공으로 물 위를 떠다니는 커다란 박테리아 군집을 꼽고 있다. 마치 바다에 수십억 마리의 반딧불이가 모 여 빛을 내는 것처럼 말이다. 이 얼마나 눈부시게 아름다운 일인가!

• 호기심 톡톡!

바다는 왜 우윳빛을 띠고 있을까? 박테리아에 의해 만들어진 빛은 사실 흰색이 아닌 파란색이다. 그럼에도 바다가 흰색으로 보이는 이유는 바로 눈 때문이다. 눈 에 있는 간상체(눈의 망막에 있는 막대 모양의 세포)는 빛이 없는 상태에서 색을 구분하지 못한다. 이 때문에 원래 파랗게 빛나던 바다가 어두운 곳에 있던 선원들의 눈에 우윳빛으로 보인 것이다.

• 탐험 가이드

만약 우윳빛 바다를 찾기 위한 탐험을 계획하고 있다면, 다음과 같은 것들이 필요할 것이다.

1. 보트처럼 항해하기에 적합한 배
2. 믿을 수 있고 경험이 풍부한 선원
3. 오랜 탐험에 필요한 충분한 음식과 연료
4. 행운의 여신! (우윳빛 바다 현상은 매우 희귀하며, 가장 대담하고 운이 좋은 탐험가만이 목격할 수 있음을 기억하길.)

2012년 6월, 아프리카 세네갈의 레트바 호수 물이 딸기 우유를 연상케 하는 짙은 분홍빛을 띤 것이 발견되었다. 과학자들이 이 물의 성분을 분석한 결과, 이 호수에는 박테리아가 많고 염도가 유독 높아 짠맛이 나며, 특히 염분을 좋아하는 분홍색의 호염성 미생물인 두날리엘라 살리나(Dunaliella salina)가 많은 것으로 밝혀졌다. 염도가 높은 호수는 사해처럼 물에 들어가면 몸이 둥둥 뜨는 현상을 체험할 수 있다. 사해처럼 염분이 높으면 생물이 살 수 없다고 알려져 있지만, 이 호수만큼은 예외였던 것이다.

반짝반짝! 빛나는 물 만들기

일단 믿고 따라 해보자. 믿는 자에게 성공이 있나니.

준비물

탄산음료 한 병, 형광펜, 아주 어두운 방,

자외선 조명(조명 가게에서 살 수 있다.)

실험 방법

1. 형광펜의 뚜껑을 조심스럽게 연다. 그 다음 형광펜의 심지를 컵 안의

   탄산음료에 몇 분 동안 담근다.

2. 컵과 자외선 조명을 들고 아주 어두운 방으로 간다.

3. 자외선 조명을 켜서 컵 가까이에 가져가 보자.

과학이 톡톡!

형광펜과 탄산음료는 둘 다 인광 물질을 포함하고 있다. 인광 물질은 빛을 쏜
뒤 그 빛을 없앤 후에도 계속 빛을 내는 성질을 가진 특별한 물질이다. 이 실
험은 자외선 조명과 인광 물질이 결합해 물이 반짝이는 원리를 이용한 것이
다. 탄산음료 역시 퀴닌이라는 인광 물질이 들어 있기 때문에 자외선 조명과
반응해 빛을 낼 수 있다.

이산화탄소가 펑!
폭발하는 호수 Limnic Eruptions

이번 이야기의 주인공은 '호수'다. 그것도 수백 명의 사람을 쥐도 새도 모르게 죽인 끔찍한 살인 호수. 그렇다고 겁먹을 필요는 없다. 이 현상은 아주아주 드물게 일어나는데다 직접 관찰하거나 그 때문에 피해를 볼 가능성이 매우 낮기 때문이다. 그러나 소리 소문도 없이 일어날 수 있다는 점을 결코 잊어서는 안 된다.

1984년 8월 15일, 아프리카 카메룬의 모노운(Monoun) 호수에서 폭발이 일어났다. 근처에 있던 37명의 주민이 목숨을 잃었지만, 그 원인을 정확하게 밝혀내지는 못했다. 다만 어떤 유독가스에 의한 사망이 아닐까 추측할 뿐이었다. 두 번째 폭발이 일어난 것은 그로부터 2년 뒤, 카메룬의 니오스(Nyos) 호수에서였다. 이번 폭발은 이전의 것보다 훨씬 심각한 피해를 줬고, 호수 근방 25km 안에 있던 1,800여 명의 마을 주민을 비롯해 가축과 야생 동물들이 전부 희생되었다.

도대체 이들 호수에 무슨 일이 일어난 것일까? 모노운과 니오스 호수는 모두 카메룬의 화산 지대 위에 자리 잡은 화구호(화산의 분화구가 막혀 물이 고여 생긴 호수. 한라산의 백록담은 우리나라 대표적인 화구호로 꼽힌다.)다. 땅속의 마그마에서 생긴 이산화탄소가 지하수 등에 녹아 호수로 들어오는데, 이것이 원인이었다. 물에 녹은 이산화탄소(CO_2)가 평소에 호수 바닥에 차곡히 쌓여 있다가 시간이 지나면서 밀도와 압력이 높아졌고, 산사태나 지진 등의 외부 충격을 받아 폭발로 이어진 것. 과학자들의 조사에 따르면 호수 바닥에 쌓인 이산화탄소의 압력은 샴페인 병마개를 밀어내는 것보다 3배 정도 큰 것으로 밝혀졌다.

이산화탄소는 공기 중에도 존재하지만, 문제는 산소보다 무겁다는 사실이다. 너무 많은 양이 퍼져 나가면 이산화탄소는 주변의 산소를 위로 밀어 올리면서 바닥에 깔린다. 폭발 후 모노운과 니오스 호수 주변의 야생동물, 가축, 심지어 사람들까지 숨을 쉬지 못해 목숨을 잃은 것도 이러한 이유 때문이다. 현재 이들 호수에는 전기 펌프를 설치해 이산화탄소가 용해된 물을 분수처럼 뿜어 올리는 방법으로 폭발을 방지하고 있다.

꼭 알아둘 것

1. 호수가 폭발하려면 그 안은 거의 가스로 가득 차 포화 상태에 이르러야 한다. 카메룬의 호수에서 일어난 두 건의 폭발 원인은 이산화탄

소였다. 이산화탄소는 호수 아래에서 분출된 화산 가스나 유기 화합물이 분해되면서 만들어진 것으로 보인다.

2. 이산화탄소로 포화 상태가 되기 전 호수는 마치 탄산음료와 같다. (이산화탄소가 물에 녹아 있다는 점에서 말이다.) 호수든 탄산음료든 상관없이 이산화탄소는 대부분 같은 온도일 경우 압력이 높을수록 쉽게 녹는다. 탄산음료의 뚜껑을 열었을 때 거품이 생기는 이유도 압력이 낮아지면서 가스가 음료 밖으로 나오기 때문이다.

3. 호수에 이산화탄소가 포화 상태로 녹아 있을 때, 가스가 한꺼번에 폭발하는 것처럼 터지기 위해서는 일종의 충격이 필요하다. 과학자들은 화산 폭발이나 산사태와 같은 자연적인 현상이 이 역할을 할 것이라고 주장한다. 그러나 드물게는 바람이나 비가 촉매제가 될 수도 있다.

4. 폭발이 일어나면 호수 위에 거대한 이산화탄소 구름이 만들어지고, 주변 지역으로 팽창하기 시작한다. 이산화탄소는 공기보다 무거워서, 산소를 밀어 올리고 땅에 가라앉는다. 그 결과 이산화탄소 구름이 가까이 오면 동물들은 숨을 쉬지 못해 질식하고 만다. (만약 현장에 있다면 결코 좋은 소식은 아니겠지!) 이산화탄소는 사람의 몸에 매우 유독한 물질로서 많은 양을 흡입할 경우 '이산화탄소 중독'의 원인이 될 수도 있다. 피해자들은 숨을 쉬기 위해 헐떡이면서 더 많은 이산화탄소를 들이마시고, 결국 더 큰 피해를 당하고 만다.

서바이벌 팁

다행히 호수에 녹아 있던 다량의 이산화탄소가 한꺼번에 폭발하는 일은 매우 드물게 일어난다. 다른 자연재해에 비해 비교적 안전한 편이지만, 만약의 경우를 대비해 다음 방법을 알아두자.

1. 폭발성 호수가 있는 지역에 방문할 경우, 가스 제거 장치가 있는지 반드시 확인한다. 일부 폭발성 호수는 실제로 이산화탄소를 제거하고 있다. 간단한 사이퍼닝 기술을 이용하면 이산화탄소를 물 밖으로 내보낼 수 있다. 파이프의 끝이 수면과 수직이 되도록 세운다. 이산화탄소로 포화 상태인 물은 파이프의 안으로 들어가 상승한다. 파이프 안쪽 표면의 압력이 낮아 가스가 밖으로 새어나올 수 있다. (마치 호수 바닥에 거대한 빨대를 꽂고 가스를 빨아대는 것과 같다.)

2. 만약 불행하게도 호수가 폭발할 그 시점에 가까이 있다면 가능한 한 빨리 주변에 높은 곳이 있는지 확인해야 한다. 폭발한 이산화탄소는 산소보다 무거우므로 주변의 땅을 에워쌀 것이고, 산소를 밀어 올릴 것이다. 근처의 높은 언덕이나 나무를 찾아 그 위로 올라가라. 아마도 3m 이상 되는 높이에 있어야 안전하다.

3. 조기 경보 시스템을 구할 것! 이산화탄소 감지 장비는 비싸다. 비용 대비 효율적이고 재미있는 조기 경보 시스템으로 애완용 쥐를 추천한다. 쥐는 이산화탄소를 감지하는 능력을 갖추었으며, 공기 중 이산화탄소 농도가 짙다는 것은 쥐에게 일종의 위험 신호다. 너무 많은 동물이 아주 좁은 공간에 있다거나 굶주린 육식동물이 쥐의 목덜미에 숨을 내쉬고 있다는 뜻이나 다름없다. 어떤 방법을 사용하든 귀여운 털북숭이는 우리를 지켜줄 것이다.

건포도야 솟아라!

영리한 미래 과학자라면 건포도를 솟아오르게 하는 것쯤이야!

준비물

스프라이트나 사이다 같은 맑은 탄산음료 한 캔, 건포도 한 상자, 커다란 유리컵

실험 방법

1. 커다란 유리컵에 탄산음료를 가득 붓는다.

2. 건포도를 꺼내 유리컵에 넣는다.

3. 건포도는 넣는 즉시 바닥에 깔리지만,

   몇 초 기다리면 어떤 일이 일어나는지 확인할 수 있다.

과학이 톡톡!

탄산음료의 뚜껑을 딸 때 '피식'하는 소리를 내는 주인공은 이산화탄소다. 탄산음료는 이산화탄소로 가득 차 있는데, 이 이산화탄소를 빠져나오게 하는 방법은 매우 쉽다. 건포도가 컵 안으로 들어갔을 때 그 표면에는 작은 공기 방울들이 달라붙는다. 바로 이산화탄소 방울인데, 이것이 점점 커지다가 충분히 커지면 공기 방울이 위로 떠오르기 시작한다. 그리고 급기야는 공기 방울이 '펑' 터지면서 건포도는 다시 아래로 내려간다. 이는 폭발하는 호수에서 이산화탄소가 한꺼번에 터지는 것과 비슷하다.

무시무시한 바다 괴물

쓰나미 Tsunamis

수십 미터 높이의 엄청난 파도가 손을 뻗는다. 순식간에 건물과 집, 배, 사람, 동식물 등 해안가 주변의 모든 것을 쓸어버린다. 바다의 무시무시한 괴물, 쓰나미('항만의 파도'라는 뜻의 일본어에서 이름을 따 왔다.)가 모습을 드러내는 순간이다. 그 시작은 바다 밑의 지진이나 해저 화산 등의 폭발이다. 이 해저 활동의 충격은 마치 수영장에 다이빙을 한 것처럼 파도를 일으키고, 주변으로 퍼져 나간다.

일단 쓰나미가 일어나면 주변의 어떤 것도 무사할 수 없다. 2004년 12월 26일의 수마트라 섬의 악몽이 보란 듯이 증명하고 있다. 인도네시아 수마트라 부근 해안에서 리히터 규모(지진의 크기를 나타내는 척도의 한 종류로, 지진이 일어날 때 생긴 에너지의 양을 지진의 규모로 나타낸 것이다.) 9.0의 강진이 일어났다.

이 해저 지진이 만든 커다란 파도는 시속 700km로 인도네시아 수마트라 섬을 비롯해 인도, 아프리카, 태국 등으로 이동했고, 수십 미터 높이의 파도는 인도양과 맞닿은 해안가 곳곳을 삼켜버렸다. 가장 큰 피해를 본 지역은 진원지와 가까웠던 수마트라 섬. 쓰나미의 거센 파도는 한반도 크기의 2배 정도인 수마트라 섬을 남서쪽으로 36m나 밀어낼 정도로 강력했으며, 이 재해로 28만여 명이 목숨을 잃었다.

이는 역사상 인류에게 가장 큰 피해를 준 쓰나미 중 하나로 기록되었는데, 쓰나미 발생을 미리 알리는 조기 경보 시스템이 갖춰져 있지 않았기에 피해가 더욱 컸다.

지금, 조기 경보 시스템 등을 비롯해 쓰나미가 일어날 징조를 인식하는 방법과 쓰나미로부터 자신을 지킬 방법을 알아보자. 운이 좋다면 쓰나미의 위협에서 벗어나는 '행운아'가 될 수 있을 것이다.

● **호기심 톡톡!**

일반 파도 vs 쓰나미 파도

보통 파도는 높이가 낮고 해안가에 닿기 전 대부분 에너지를 잃어버린다. 그러나 쓰나미의 파도는 높이가 높고(과학자들은 70m 높이의 파도도 생길 수 있다고 주장하고 있다.) 해안가에 닿아도 에너지를 잃지 않는다. 따라서 해안가에 닿을수록 바닥과 마찰하면서 속도는 느려지지만 파도가 높아져 큰 피해를 준다.

우리나라에도 쓰나미가?

전 세계에서 발생하는 쓰나미 중 80%는 태평양 지역에서 일어난다. 우리나라는 일본이 방파제 역할을 해주기 때문에 비교적 쓰나미에 안전한 편이다. 그러나 동해나 일본 서안 등의 해저 단층대에서 지진이 일어나면 한두 시간 내에 동해안에 쓰나미가 발생할 수 있다. 지형 특성상 우리나라에서는 울진 근처 해안이 쓰나미 발생 확률이 높은데, 이곳에는 원자력 발전소가 있어 더욱 주의가 필요하다.

절대 하지 말아야 할 것

• 파도로부터 도망칠 수 있을 것이라는 어리석은 생각은 애당초 접어두길! 불행하게도 쓰나미 파도의 속도는 깊은 바다에서는 비행기가 나는 속력과 비슷하며(시속 800km), 해안가에 가까워지면서 느려진다고 해도 차를 타고 달리는 것보다 훨씬 빠르다.

• 쓰나미의 파도가 크지 않을 거라는 바보 같은 생각도 절대 금물! 쓰나미의 파도 높이는 25m에 이르며, 해안에 다가올수록 점점 커진다. 얕아진 해저의 바닥이 쓰나미의 진행 방향을 방해하면서, 그로 인한 마찰로 파도가 높아지는 원리다. 즉 바다 중간에서 생긴 작은 파도가 점점 커지다가 해안을 강타할 때는 엄청나게 높아질 수 있다.

• 쓰나미를 피하려고 무엇이든 하겠지만, 나무에 올라가는 방법은 별로 추천하고 싶지 않다. 나무는 종종 물의 압력으로 쓰러지는데, 일반적으로 쓰나미는 많은 양의 물을 동반한다. 만약 더 피할 곳이 없어 나무에 올라가야 한다면, 가장 튼튼하고 높은 나무를 찾아 가능한 한 높이 올라야 한다.

• 헷갈리지 말자! 흔히 영화에서 쓰나미는 폭풍 해일을 동반하지만, 실제로는 해저 화산 폭발이나 지진에 의해 발생하는 것으로, 태풍으

로 높아지는 파도와는 전혀 상관이 없다.

반드시 해야 할 것

• 해변에서 도망칠 것. 해변 근처든, 해안가 건물 안이든, 그 어디에도 가면 안 된다. 비록 쓰나미의 크기가 작더라도 발견 즉시 해안가에서 되도록 멀리 떠나야 한다. 쓰나미의 파도는 점점 커지며 계속해서 그 지역을 강타한다. 그러니 다음에 오는 파도는 이전의 것보다 훨씬 클 것이다. 이를 가리켜 '파도 기차(the wave train)'라 부른다.

• 높은 곳을 찾아라. 언덕 위로 올라가거나 마을이나 도시의 높은 지대로 이동해야 한다. 만약 멀리 도망칠 시간이 없다면, 주변에 높고 튼튼한 건물을 찾아서 그 꼭대기, 지붕까지 올라가는 게 좋다.

• 소지품은 과감히 포기할 것. 장난감, 책 등 다른 것보다 일단 목숨을 구하는 게 중요하다는 걸 잊지 말자. 그런 것들을 챙길 여유가 있다면 한 발자국이라도 더 해안가에서 멀리 도망가야 한다.

• 해안가를 몇 시간 동안 떠나 있어야 한다. 쓰나미는 수 시간에 걸쳐 그 지역을 계속 강타하기 때문에 한동안은 위험 지역으로 분류된다.

재난 관제 센터 등에서 안전하다고 발표하기 전까지 피해 지역에 들어가서는 안 된다. 만약 이런 소식을 들을 수 없는 장소에 있다면, 인내심을 가지고 기다리는 수밖에 없다.

- 라디오를 찾아서 수시로 재난 소식을 듣는다.
- 만약 파도에 잡혔다면, 가장 중요한 것은 물에 떠 있는 것이다. 떠 있는 어떤 것이든 잡아야 한다. 나뭇가지나 떠 있는 건물 조각 등 물에 떠있기만 하다면 그 어떤 것도 상관없다. 그 물건을 이용해 오를 수 있는 물체로 접근해 물 밖으로 빠져나온다.

자연의 조기 경보 시스템

만약 바다 근처에 살거나 휴가를 보내고 있다면, 자연이 보내는 명확한 경고 신호를 놓치지 말자.

1. 지진이 나거나 땅이 울릴 것이다.
2. 바닷물이 갑자기 뒤로 밀려나면서 해안에는 극소량의 모래만 남을 것이다. 해변이 훨씬 더 커진 것처럼 보인다.
3. 그 지역의 동물들이 이상하게 행동하기 시작한다. 갑자기 무리를 지어 그곳을 떠나거나 더 높은 곳으로 이동하려고 할 것이다. (이들을 따라간다면 목숨을 구할 수 있을 것이다.)

바다 위의 거대 소용돌이

마엘스트롬 Maelstroms

거대한 소용돌이 마엘스트롬은 매우 거칠고 위험한 자연 현상으로 꼽힌다. 따라서 완벽한 장비를 갖추지 않는 한 그곳에서 빠져나오기는 하늘의 별 따기다. 심지어 철저하게 준비했다 할지라도, 살아남을 확률은 그리 높지 않다. 그럼에도 마엘스트롬에서 살아남고 싶다면 완벽한 준비는 필수다! 혹시 모를 만약을 대비하는 습관이 목숨을 구할 뜻밖의 기회를 선물할지도 모르니까.

마엘스트롬의 모든 것

스칸디나비아어로 '끝도 없이 계속되는 해류(grinding current)'를 의미하는 '마엘스트롬(maelstrom)'은 매우 강력한 소용돌이나 엄청난 힘으로 빙글빙글 돌며 아래를 향해 내려가는 물줄기다. 폭풍, 거친 바다, 그리고 토네이도의 강력한 회오리를 머릿속에 떠올린다면, 옛 선원들이 마엘스트롬을 왜 그렇게 두려워했는지, 어째서 신화 같은 존재가 되었는지 단번에 이해할 수 있을 것이다. 마엘스트롬에 끌려 들어가는 공포는 예나 지금이나 변함없다.

어떤 이들은 목숨을 잃고 배가 부서진 선원들의 이야기가 크게 과장되었고, 오히려 처음부터 끝까지 꾸며낸 거짓 이야기라며 냉소적인 목소리를 내기도 한다. 그러나 최근의 문헌 연구들은 마엘스트롬의 무시무시한 악명을 뒷받침해주고 있다.

최악의 마엘스트롬

살츠트라우멘 마엘스트롬은 노르웨이 해안에서 30km 떨어진 지점에서 발견되었다. 지름 10m, 깊이 5m 크기의 이 소용돌이는 북극 근처에 있는 세계에서 가장 강한 마엘스트롬이며, 지구 상에서 가장 센 조류를 만든다. 길이 3km, 폭 150m의 좁은 길을 따라 6시간마다 4,000억 리터의 바닷물이 쏟아져 나오며, 빠르기가 최고 시속 40km에 이르기도 한다. 커다란 배가 지나갈 수 있는 크기의 '시간의 창문'이 그나마 위험도가 낮은 지역으로 꼽힌다.

살츠트라우멘이 세계 최강의 소용돌이라고 한다면, 모스크스트라우멘은 가장 유명하고, 많은 책과 영화에 소개된 마엘스트롬으로 꼽힌다. 노르웨이 로포텐 제도를 벗어난 곳에 위치하며, 세계에서 두 번째로 강한 소용돌이로 시속 32km에 달하는 조류를 가지고 있다.

일부 마엘스트롬은 지구 상에서 가장 위험한 해역일 뿐만 아니라 시끄러운 곳이기도 하다. 세계에서 세 번째로 큰 마엘스크롬은 스코틀랜드 서쪽 해안 코리브리컨의 좁은 해역에 자리 잡고 있다. 이곳의 마엘스트롬은 9m가 넘는 파도를 만들 수 있고, 더욱 흥미로운 점은 16km 밖에서도 들을 수 있는 커다란 소음을 만든다는 것이다. 한때 영국 해군은 이곳을 '항해할 수 없는 곳'에서 '매우 위험한 곳'으로 등급을 낮추기도 했다.

마찬가지로 미국의 메인 주와 캐나다의 뉴브런즈윅 주 사이에 있는 올드 소우(Old sow) 마엘스트롬은 소용돌이가 내는 소리가 마치 돼지의 울음소리와 비슷하다고 해서 이름 지어졌다. 덕분에 그 주변에 생기는 작은 소용돌이들은 '피글렛(새끼 돼지)'이라는 별명을 가지고 있다. 꿀꿀!

● 상식이 톡톡!

스코틀랜드 연구 팀은 코리브리컨 마엘스트롬 안에 구명조끼를 입힌 마네킹을 던진 다음 관찰한 적이 있다. 마엘스트롬이 사람을 바닷속 깊은 곳으로 빨아들인다는 선원들의 말을 실험해보기 위해서다. 마네킹은 소용돌이 안으로 사라졌다. 나중에 마네킹을 다시 발견했을 때, 구명조끼는 자갈로 가득 차 있었으며, 수심 측정기를 확인한 결과 수심 183m 이상 끌려 내려간 것으로 확인되었다. 연구 팀은 이 자료들이 마네킹이 해저 바닥에 닿아 계속 긁힌 증거라고 주장했다.

마엘스트롬에 빨려 들어가서는 절대 안 된다. 큰 소리 덕분에 예측하기도 쉽다. 하지만 불행하게도 마엘스트롬과 맞닥뜨릴 경우를 대비해 생존을 위한 몇 가지 팁을 소개한다.

1. 마엘스트롬 주위를 여행할 때는 경험이 풍부한 현지 선원, 잠수부와 함께할 것. 그들은 누구보다 마엘스트롬에 대해 잘 알고 있으며, 덕분에 안전하게 마엘스트롬을 지나갈 수 있을 것이다.

2. 만약 직접 항해를 해야 하는 경우, 마엘스트롬이 가장 잔잔해졌을 때를 노려야 한다. 전문가들은 이런 안전한 상태를 '시간의 창문'이라고 부른다.

3. 만약 마엘스트롬 근처에서 다이빙을 한다면, 다이빙복과 마엘스트롬에서 빠져나오기 어려울 경우를 대비해 충분히 저장된 공기통을 반드시 준비해야 한다. 아마도 기존에 사용하던 압축 공기 대신 혼합 가스가 필요할 것이다. 혼합 가스를 이용하면 더 깊고 긴 시간 동안 수영할 수 있다. 스포츠 다이빙의 한계 수심은 46~48m이지만, 마엘스트롬의 소용돌이에 휘말리면 더 깊은 곳으로 끌려갈 수 있다는 걸 기억하자. 한계 수심을 벗어나면 질소 농도가 증가하면서 의식을 잃고, 들이마신 산소가 독성을 띠면서 결국 목숨을 잃게 될 것이다.

나만의 마엘스트롬 만들기

몇 가지 도구만 있다면, 진짜 마엘스트롬과 같은 원리로 작용하는 소용돌이를 쉽고 간단하게 만들 수 있다.

준비물

투명한 플라스틱 병, 반짝이 가루, 주방 세제

실험 방법

1. 투명한 플라스틱 병의 3/4 지점까지 물을 채운다.

2. 주방 세제를 한두 번 짜 넣는다.

3. 반짝이 가루를 넣는다.

4. 뚜껑을 닫는다.

5. 병을 거꾸로 들고 원을 그리듯 돌리면서 흔든다.
   무엇이 보이는가?

과학이 톡톡!

병을 거꾸로 들고 흔들 때의 원운동은 회전하는 힘이나 소용돌이를 만든다. 이것은 실제로 마엘스트롬을 만드는 힘과 같다. 반짝이를 넣으면 물의 움직임을 쉽게 관찰할 수 있다.

중력을 거스르는 파도
조수 해일 Tidal Bores

'Tidal Bores'라는 영어 이름에도 조수 해일은 절대 지루하지(bore) 않다. 오히려 큰 혼란을 일으킬 만큼 매우 위협적이다. 흥미로운 자연의 속임수인 이 현상 때문에 종종 경험이 없는 아마추어 탐험가들은 바다 위에서 방향을 잃기도 한다. 그러니 만반의 준비를 해야겠지?

조수 해일의 모든 것

모든 물은 높은 곳에서 낮은 곳으로, 강에서 바다로 흐른다. 누구도 거스를 수 없는 자연의 이치다. 그러나 태양과 달이 함께 만든 만유인력은 '거꾸로' 단추를 누른 것처럼 자연의 법칙을 정반대로 되돌려 버린다.

커다란 파도가 바다를 거슬러 강으로 흘러드는 조수 해일 현상이 대표적인 예다.

지구를 가로지르는 60개의 커다란 강줄기에는 비교적 정기적으로 조수 해일 현상이 일어난다. 이 현상은 일 년 중 특정한 시간, 태양과 달이 나란히 설 때 생기는 만조에만 볼 수 있다. 이 천체들 사이에 작용하는 만유인력이 큰 파도를 만들고, 이 때문에 바닷물이 강을 따라 거슬러 오르는 장관이 연출된다.

서바이벌 팁

1. 좋은 장소를 골라라 – 조수 해일은 위협적이지만 절대 놓쳐서는 안 될 볼거리이기도 하다. 훌륭하고 장대한 광경을 만끽할 수 있으면서도 파도에 휩쓸리지 않을 정도로 적당히 떨어진 곳을 추천한다.

2. 주의 깊게 들을 것. 조수 해일은 '으르렁~'거리는 특유의 소리를 갖고 있다. 일부는 수 킬로미터 떨어진 곳에서도 들을 수 있다. 역류한 파도가 내륙 쪽으로 쏟아지면서 소용돌이 칠 때 발생하는 커다란 소음은 조기 경보 시스템 역할을 한다.

3. 파도를 타라. 다른 조수 해일에 비해 강하지 않고 부드러운 파도를

가진 장소도 있다. 이런 곳은 '보어 서퍼(bore surfers : 카약, 서퍼 보드, 부기 보드를 이용해 조수 해일의 파도를 타는 서퍼)'에게 특히 매력적이다. 스릴 만점의 서핑을 즐기고 싶다면, 조수 해일을 노려보자!

• 상식이 톡톡!

지난 2,000년 동안, 사람들은 조수 해일을 구경하기 위해 강에 모여들었고, 이중에서 상당수가 파도에 휩쓸려 목숨을 잃었다.

세상에서 가장 큰 조수 해일 : 중국의 첸탕 강은 지구 상에서 가장 큰 조수 해일이 일어나는 곳이다. 봄철이면 9m 높이의 파도가 시속 25km로 밀려든다. 이곳에서 내뿜는 소리는 22km 밖에서 들릴 정도로 우렁차다.

전설적인 존재 : 몇몇 조수 해일은 전설적인 별명을 가지고 있을 정도로 굉장하고 유명하다. 인도네시아의 '일곱 개의 유령(The Seven Ghosts)'을 포함해 남아메리카의 '웅장한 포효(The Great Roar)', 중국의 '흑룡(The Black Dragon)' 등이 있다.

손가락 마술 쇼!

손가락 하나로도 과학을 알 수 있는 매우 간단한 실험! 거기에 재미를 더하니 부족할 게 없겠지?

준비물

주둥이가 넓은 그릇, 물 조금, 주방 세제, 후춧가루

실험 방법

1. 그릇에 물을 채운다.

2. 물 위에 후춧가루를 뿌린다.

3. 손가락을 담근다. (반응이 영 시원치않다고?)

4. 손가락에 주방 세제를 조금 묻히고 후춧가루가 뿌려진
물에 담근다. 후춧가루가 순식간에 그릇 가장자리로 밀려나는 걸 볼 수 있다.

과학이 톡톡!

컵에 가득 채운 물의 표면이 '볼록'하게 올라오는 것은 물 분자가 서로 끌어당기는 표면 장력을 가지고 있기 때문이다. 하지만 세제와 물이 닿는 순간 표면 장력이 약해지면서 물이 확산한다. 표면이 '평평'해진 물이 후춧가루를 그릇의 가장자리로 끌고가는 것. 조수 해일도 비슷한 원리다. 만조와 중력이 바다를 '볼록'하게 만들고 파도를 이용해 바닷물을 강으로 끌어왔을 때 비로소 '평평'해진다.

솟아오른 땅속의 마그마

화산폭발 Violent Volcanoes

'volcano(화산)'라는 단어는 로마 신화에 나오는 불의 신 불칸(Vulcan)의 이름에서 따왔다. 로마를 비롯한 여러 문명에서 많은 사람이 화산의 무자비함을 목격했다. 그들은 또한, 화산이 그 어떤 자연재해보다 훨씬 더 다양한 방법으로 사람과 도시를 파괴하고, 태우며, 잠기게 할 수 있다는 것도 깨달았다. 심지어 오늘날까지도 우리는 이런 위험 지역에서 살고 있다.

먼저 화산이 어디서 어떻게 만들어지는지 살펴보자.

지구의 표면은 커다란 7개의 판과 여러 개의 작은 판으로 나누어져 있다. 이 판은 지각과 상부 맨틀로 구성된 암석으로, 맨틀(지각과 핵 사이의 부분)의 대류 현상과 함께 조금씩 움직인다. 이때 판의 경계가 서로 멀어지거나 부딪히면서 매우 큰 에너지가 생기는데, 이로 인해 지진, 해구, 조산대와 같은 지각 변동이 일어난다. 대부분의 화산도 바로 이 판의 경계에서 발견된다. 마치 달걀의 표면을 살짝 부순 다음 달걀을 삶았을 때 표면 틈으로 달걀이 뿜어져 나오는 것처럼 말이다.

화산은 마그마(암석이 녹은 상태)가 땅에서 밖으로 솟구치거나 분출하면서 만들어진다. 일단 땅 위로 올라온 마그마는 용암이라고 불리며, 분출된 용암의 종류는 매우 다양하고, 그에 따라 영향력도 제각각이다. 용암의 점성(용암이 흐르는 정도나 묽은 정도)은 화산 내부의 압력과 암석의 종류에 따라 다르다. 몇몇 용암은 잼처럼 끈적이지만, 어떤 것은 묽어서 잘 흐른다. 용암이 식으면 단단해지고 새로운 바위를 만들어 최종적으로 산이나 화산이 된다.

폭발은 크게 두 종류로 나뉜다. 첫 번째는 분출형으로, 폭발 없이 용암이 흘러내리는 화산을 가리킨다. 대부분 지구의 판이 서로 멀어지는 발산 경계에서 발견되며, 점성이 낮은 용암이 지표면으로 쉽게 올라와 현무암이 된다. 두 번째는 폭발형으로, 큰 폭음과 함께 재와 연기를 내뿜는 화산을 가리킨다. 대부분 지구의 판이 서로 충돌하는 수렴 경계에서 발견되며, 주변에 쇄설암(이후 언급할 것이다.)과 같은 분출 물질이 있다. 이렇게 각각 다른 원인과 그에 따른 폭발은 결과적으로 다양한 화산을 만든다.

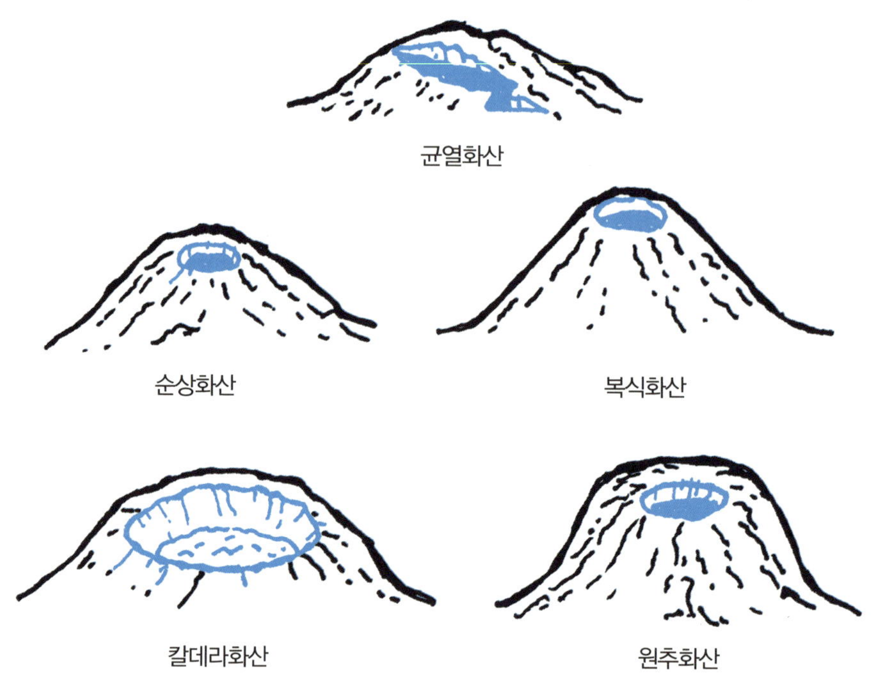

화산의 종류

많은 종류의 화산이 존재하며, 원추 모양에 따라 그룹을 나눌 수 있다. 아래 표에서 주요 화산 유형을 확인해 보자.

원추 모양	특징
균열화산	경사가 완만하다. 해저 발산 경계에서 발견된다. 용암은 점성이 약하고 빨리 움직여 넓은 지역을 뒤덮을 수 있다.
순상화산	경사가 완만한 편이지만 균열 화산보다는 경사가 심하다. 반복된 폭발로 용암층이 계속해서 쌓였기 때문이다.
복식화산	주로 성층화산 몇 개가 겹쳐서 이루어진다. 재와 용암으로 만들어졌으며, 크고 오래된 화산들이다.
칼데라화산	일반적으로 화산 아래 가스가 많이 축적되어 있다가 커다란 폭발이 일어나면서 만들어진다. 흔히 이런 화산은 폭발적인 분출 탓에 크고 어두운 색의 분화구를 가지고 있다.
원추화산	화산의 모양이 대칭적이지만, 분출되는 재나 용암의 점성에 따라 모양이 다르다.

강력한 화산 폭발

1815년 4월 10일~12일, 인도네시아의 탐보라 화산이 폭발했고, 9만 2,000여 명이 목숨을 잃었다. 이는 역사상 최악의 화산 폭발로 꼽힌다. 폭발 이후 낙진과 쓰나미가 발생했고, 많은 사람이 굶주림과 질병으로 극심한 고통을 겪어야 했다.

1883년 8월 26일~28일, 인도네시아의 크라카타우 화산이 폭발했다. 탐보라 다음으로 최악의 폭발로 기록되었으며, 끔찍한 폭발은 3만 6,000여 명의 목숨을 앗아갔다. 폭발 이후 거대한 쓰나미가 발생했고, 화산재 구름이 태양을 가렸다.

하와이의 마우나 로아는 지구 상에서 가장 큰 활화산이다. 1년 반 전에 폭발한 화산도 있을 정도다. 마우나 로아 화산은 실제로 지구에서 가장 높지만 그렇게 분류되지 않는 이유는 화산 대부분이 바다 밑에 있기 때문이다.

● 호기심 톡톡!

한라산과 백두산은 한반도의 대표적인 휴화산으로 꼽힌다. 백두산은 열점화산에 속한다. 백두산에는 최근 잦은 지진과 늘어나는 화산 가스, 천지와 온천의 온도 상승 등 폭발의 징조가 나타나고 있으며, 현재 우리나라는 중국과 함께 백두산 화산 분화에 관한 공동 연구를 진행하고 있다. 세계적인 관광 명소로 꼽히는 제주도에는 한라산의 화산 활동 때문에 생긴 여러 지형을 찾아볼 수 있으며, 360여 개의 기생화산이 존재한다.

칠레의 푸콘에는 지나치게 용감한 사람들을 위한 화산 번지 점프장이 있다. 번지 점
프를 하는 사람들은 헬리콥터를 타고 활동 중인 화산의 분화구 안으로 뛰어내리는
데, 용암 위 약 140m 지점까지 떨어진다.

열점

판의 경계에서 멀리 떨어진 곳에서 형성되는 일부 화산은 오랫동안
화산학자(화산을 연구하는 과학자)의 골칫거리였다.

대부분 하와이 제도에 있는 이 화산들의 주변은 흔히 화산이 분출되
는 지역이 아니었다. 과학자들은 훗날 지각 아래에서 초고온 열점을 발
견했다. 이곳에서 암석이 녹아 마그마가 만들어지면서 마침내 화산이
되는 것이다. 한반도의 백두산도 열점 화산에 속한다.

화산의 피해

화산은 여러 번에 걸쳐 피해가 발생하기 때문에 1차 피해와 2차 피해
로 나눌 수 있다.

1차 피해

테프라Tephra | 2mm보다 큰 크기의 쇄설물. 이보다 작은
것은 화산재로 분류한다. 보통 폭발로 마그마가 부서지
면서 분출된다. 테프라에 둘러싸이면 숨쉬기가 어려워
지는데, 심하면 질식할 수도 있다. 테프라는 비행기
의 엔진을 손상시킬 수도 있다.

화산 가스 | 화산에서 방출된 수증기, 이산화탄소, 아황산가스, 황화수소, 일산화탄소를 함유한 가스. 나무와 식물을 죽이고, 산성비를 내리게 하니 주의할 것!

흐르는 용암 | 용암은 흐르면서 그 앞에 있는 모든 것을 파괴한다. 다행히 빠르게 걷거나 차를 이용하면 용암을 피할 수 있다. 실제로 생명을 위협하는 위험도는 가장 낮다.

2차 피해

위와 같은 위험에도 괜찮을 거라고 생각한다면, 큰 오산이다. 위의 피해들은 이제 시작일 뿐이라는 걸 명심하자. 라하르(화산재), 산사태와 쓰나미, 요클홀라우프를 연이어 겪게 될 것이다.

요클홀라우프(Jökulhlaup)는 위험한 홍수에 관한 아이슬란드어다. 'Jökul'은 빙하를, 'hlaup'는 홍수를 뜻하는 말이다. 다시 말해 요클홀라우프는 화산이 빙하 밑에서 폭발할 때 발생하는 무시무시한 홍수를 가리킨다. 빙하가 뜨거운 열로 빠르게 녹으면서 엄청난 양의 물을 뿜어낸다.

아이슬란드에서 일어나는 화산 폭발의 60% 정도는 빙하 밑에서 일어난다. 이때 1,200℃의 마그마는 뜨거운 얼음을 녹이고 물을 끓인다. 얼음이 먼저 폭발하고, 바위가 산산조각 나며, 전기력을 띤 유독한 화학 물질과 재가 하늘을 가득 메운다. 땅에서는 홍수가 일어나고 화산 잔해물은 마을과 다리, 송전선들을 쓸어버릴 수 있다. 1996년 아이슬란드에서 분출된 그림스보튼 화산은 길이 6km, 깊이 100m의 빙하 조각을 녹였다. (엄청난 양이지!)

1918년으로 돌아가 보자. 카틀라 화산이 높은 압력으로 폭발하면서 작은 입자들이 섞여 있는 많은 양의 증기가 발생했다. 이 때문에 몇 차례에 걸쳐 몇 초 동안 번개가 내리쳤다. 이 현상은 감전사를 일으켰으며, 근처에 살던 수백 마리의 가축을 죽게 한 것으로 보고되었다.

라하르(lahar)는 요클훌라우프와 비슷하다. 물과 섞인 화산재와 화산 잔해물이 초속 수십 미터의 속도로 산기슭을 흘러내리는(화산 이류) 현상이다. 기본적으로 화산 이류 현상은 큰 규모로 일어나며, 화산 폭발과 함께 많은 비가 내리거나 강물과 섞일 때 일어난다. 이 뜨거운 혼합물은 매우 빠르게 이동한다. 가파른 경사면에서의 속도는 무려 시속 101km에 이른다. 내가 알기로 이건 매우 위험하다.

사실대로 말하자면, 그 누구도 라하르 현상으로부터 도망칠 수 없다. 라하르는 흘러내리면서 더 많은 바위와 식물, 잔해물을 굴리며 점점 더 커진다. 만약 라하르에서 빠져나오지 못한다면 멀리 쓸려가 질식한 다음 진흙이 굳기 시작하면서 단단한 비석이 될 것이다. 1985년, 컬럼비아에 있는 네바도 델 루이즈 화산이 분화하면서 일으킨 라하르는 아르메로 마을을 덮쳐 단 하룻밤에 2만 3,000명의 목숨을 앗아갔다.

라하르는 매우 빠르게 이동하지만 종종 작은 경고를 보내기도 한다. 다음의 몇 가지 단계를 거치면 살아남을 수 있다.

1. 화산 폭발이 임박한 지역의 소식을 들을 것. 화산은 가스를 분출하거나, 그 지역의 지하수가 강한 산성을 띠는 것과 같이 많은 경고를 보내는 재해 중 하나다. 또한, 재와 연기를 내뿜고, 주위 온도도 상승한다. 심지어 과학자들은 분화 때문에 화산이 부풀어 오르거나 불거져 튀어나오는 정도를 측정할 수도 있다.

2. 라하르의 혼합물 중 하나는 바로 비다. 비와 동시에 라하르의 소식을 접하지 않으려면 탐험의 안전을 보장하는 현지 일기예보를 확인하라.

3. 요클홀라우프나 라하르가 잘 일어나는 지역을 여행하는 동안 머물 곳을 찾는다면 계곡의 높은 곳이나 하천에서 멀리 떨어진 곳에 캠프를 설치해야 한다. 물과 진흙에 파묻히는 것을 막아줄 것이다.

4. 만약 이 모든 것들이 실패하고, 라하르로부터 도망칠 수 있는 시간이 얼마 남지 않았다면, 뛰어서 도망치려고 해선 안 된다. 절대 벗어날 수 없기 때문이다. 차나 다른 종류의 탈것을 이용해 가능한 한 빠르게 이동해야 한다.

용암 램프 만들기

용암 램프는 투명한 유리병 안에 들어 있는 색색의 액체가 움직이는 장식용 램프다. 액체의 움직임이 용암과 비슷하게 생겨 용암 램프(Lava Lamp)라고 불린다. 많은 사람들은 용암 램프 안에 들어 있는 액체 덩어리와 모양을 만드는 법을 알고 싶어한다. 그 해답은 매우 기본적인 과학 원리에 있다.

준비물

식물성 기름 한 병, 투명하고 커다란 음료수병, 물 한 컵, 식용 색소, 깔때기

알카 셀처(물에 넣으면 공기 방울이 생기는 발포성 진통제, 발포 비타민을 이용해도 좋다.)

실험 방법

1. 음료수병에 물 한 컵을 붓는다.
2. 식물성 기름을 병이 가득 찰 때까지 붓는다.
3. 많은 양의 식용 색소를 넣는다.
4. 알카 셀처 반 개를 병에 넣고,
   어떻게 움직이는지 관찰한다.

과학이 톡톡!

색소가 들어간 물과 기름은 섞이지 않는다. 그리고 기름과 색소 물이 분리된 채로 유지된다. 발포 알약이 음료수병의 바닥으로 가라앉으면 '쉬익~'하며 거품이 생기기 시작한다. 공기 방울이 병 위로 올라오면서 색소가 섞인 물도 따라 상승하는데, 병 윗부분으로 가스가 빠져나가고 물이 다시 바닥으로 가라앉는 움직임을 지속한다.

모래의 덫

표사 Quicksand

　존경받을 만한 모험가라면 예측하지 못한 상황에 대비하는 것은 필수! 그럼에도 표사는 석기시대 이래로 자연에 맞서는 모험가들을 무자비하게 덮치는 오래된 위험 중 하나다. 영화 제작자들은 오랫동안 벗어날 수 없는 자연의 힘이라고 표사를 묘사했지만, 어떤 사람들은 살아 있는 생물이라고 믿기도 했다. 둘 다 사실이 아니지만, 모래 속으로 빠져드는 이 이상한 현상에서 빠져나오는 법을 숙지해 둘 필요는 있다.

표사의 모든 것

　표사는 지구 특정한 곳에서만 형성되는 것은 아니다. 다음과 같은 상태가 만들어지기만 하면 어디서든 나타날 수 있다.

많은 사람들이 표사가 모래로 이루어져 있다고 생각하지만, 더불어 모래를 과포화 상태로 만들 수 있을 만큼 충분한 양의 물도 필요하다. 표사는 일반적으로 물이 쉽게 빠져나가지 못하는 진흙과 같은 물질로 된 '주머니' 안에 모래가 채워진 곳에서 일어난다. 모래와 물로 채워진 주머니는 언뜻 보기에 고체 물질처럼 보이지만, 그 위로 발을 디디면 액체와 비슷한 성질을 띤다. 표사가 위험한 이유 중 하나다. 만약 표사에 빠지는 최악의 경우에 처한다면 그곳에서 탈출하는 데 도움이 될 몇 가지 생존 팁을 기억하자.

서바이벌 팁

1. 압력은 표사에서 살아남는 데 굉장히 중요한 요소다. 가벼운 압력은 표사가 물처럼 움직이게 하지만, 무거운 압력은 표사를 모래와 물이 섞인 고체처럼 만든다. 탐험가가 내디딘 발이 가볍다면 표사는 액화되고, 발이 가라앉기 시작할 것이다.

2. 표사 안으로 가라앉는 것에 관해 걱정하지 않아도 된다. 비록 첫발은 그 안으로 가라앉을 테지만, 머리까지 잠기지는 않는다. 깊다고 해도 가슴 정도까지만 잠길 것이다. 사람이 표사보다 밀도가 낮기 때문이다.

3. 당황은 금물! 훈련받지 않은 탐험가는 도망치려는 생각으로 빠르게 주변을 휘저으며 몸부림치겠지만, 이 행동은 표사를 고체처럼 만

들어 더욱 예측할 수 없는 상황으로 몰고 갈 뿐이다. 몸을 버둥댈수록 더 빨리 가라앉는다는 것을 기억하자. 긴장하지 않고 힘을 빼면, 몸이 표사 위로 뜰 것이다.

4. 배낭을 벗어 던진다. 표사에 빠졌다면 되도록 빨리 배낭을 벗어야 한다. 몸무게에 배낭의 무게가 더해지면 더욱 깊이 빠질 것이다.

5. 몸 주변에 물을 붓는다. 그리고 물병은 가지고 있자. 허리나 팔 주위에 물을 뿌리면 표사를 액체처럼 만들어 조금 더 쉽게 벗어날 수 있다.

나만의 표사 만들기

준비물

큰 그릇, 옥수수 전분 한 봉지, 큰 숟가락이나 나무 숟가락,
약간의 물, 같은 크기의 컵 두 개

실험 방법

1. 완벽한 표사를 만들기 위한 핵심은 알맞은 두께나 일관성을 유지하는 것이다. 먼저 커다란 그릇에 약간의 물과 옥수수 전분을 붓고 섞는다. 옥수수 전분의 양은 물보다 1/4 정도 더 많게 한다. 물 한 컵에 옥수수 전분은 1과 1/4의 비율이다.

2. 숟가락을 사용해 혼합물을 젓는다. 처음에는 천천히 시작하다가 나중에는 빠르게 젓는다.

3. 빠르게 저으면 혼합물이 딱딱해지는데, 주먹이나 포크로 치면 더 빨리 딱딱해질 것이다. 혼합물이 고체와 비슷한 성질을 갖게 하는 것이다. 천천히 저으면 혼합물은 액체처럼 될 것이다. 짜잔! 나만의 표사 만들기, 완성!

과학이 톡톡!

혼합물을 젓는 속도는 이 실험에서 매우 중요하다. 천천히 휘젓는다면 혼합물은 액체와 비슷한 성질을 띠지만, 속도를 높이면 혼합물은 고체와 비슷한 성질을 가진다. 이는 실제 표사의 원리와 같다. 옥수수 전분이 섞이면서 그들 사이에 물이 부족해 서로 미끄러지지 못하기 때문에 일어나는 현상이다. 천천히 저으면 옥수수 전분 사이에 더 많은 물이 채워져 가루들이 더 쉽게 서로 미끄러질 수 있으며, 진짜 표사와 같은 성질을 갖게 된다.

살아 움직이는

거대한 산맥 Massive Mountains

모든 것이 꽁꽁 얼 정도로 낮은 온도에, 일행에게서 홀로 떨어져 조난을 당하고, 동상으로 손가락과 발가락을 잘라야 할지도 모르는 상황에 부닥치는 이야기들이 흥미진진하다면, 산을 추천한다. 지구의 산맥은 하늘을 향해 높이 뻗어 있는 삐죽삐죽 솟은 돌탑이다. 수 세기 동안, 사람들은 발걸음을 쉽게 허락하지 않은 거인을 오르기 위해 노력했지만, 소수만이 성공했을 뿐이며, 대다수는 실패의 쓴맛을 맛보아야 했다.

세계에서 가장 높은 산봉우리

가장 높은 산의 높이를 확인해보고, 그 산을 오를 수 있을 정도로 강한 체력을 갖고 있다면 목적지를 골라보자.

산	대륙	높이
에베레스트	아시아	8,840m
아콩카과	남아메리카	6,962m
맥킨리	북아메리카	6,190m
킬리만자로	아프리카	5,895m
엘브러스	유럽	5,642m
빈손 매시프	남극	4,890m
푼칵 자야	오스트레일리아	4,884m

산맥의 형성

산맥은 다음과 같은 과정에 의해 만들어진다.

폭발 | 판의 경계에서 반복적인 화산 폭발로 생성된다.

습곡 | '조산 운동'의 가장 흔한 유형이며, 두 개의 대륙판이 서로 충돌할 때 지각이 찌그러지고 위로 접히며 생긴다.

반구형 | 지구의 맨틀로부터 많은 양의 마그마가 상승하며 그 압력으로 동그랗게 땅이 솟아올라 반구형 산이 생기기도 한다.

단층 | 지각에 있는 균열이나 단층에서 생긴다. 단층 가까이에 있는 땅은 상승하거나 하강한다. 상승할 때 지질학자들이 '지괴산지(block mountain)'라 부르는 산이 만들어진다.

산은 여전히 자랄까?

물론! 지구에 있는 산 일부는 여전히 자라고 있으며, 산이 실제로 해수면 아래나 바다에서 시작된 것임을 뒷받침하는 증거도 있다. 히말라야, 알프스, 안데스 산맥에서 모두 1만 8,000년 이상 된 조개껍데기를 발견했다. 세계에서 가장 높은 산인 에베레스트는 1년에 0.5cm씩 자라는 것으로 추정된다. 최근에 측정된 높이는 8,848m로, 이는 미래에 에베레스트를 정복할 사람은 과거 정상에 올랐던 사람보다 조금 더 올라가야 할 가능성이 매우 높다는 뜻이다.

침식 작용 : 산을 부드럽게 깎거나 거칠게 긁어내며 모양을 만든다

일단 산의 끝자락이 융기하거나 자라나면 바람과 물, 얼음은 침식 작용을 통해 산의 다양한 모습들을 만든다. 산 전문가들은 권곡(cirque)과 즐형산릉(arête), 빙하침식 첨봉(pyramidal peak)의 차이점을 자세히 설명하고 있다.

권곡 | 산의 한쪽 면이 빙하에 찢기면서 움푹 파인 것을 가리킨다. 거대한 경기장이나 대형 안락 의자와 비슷하게 생겼다.

즐형산릉 | 프랑스어로 '생선뼈(fishbone)'라는 뜻으로, 두 빙하가 나란히 침식하며 생성되는 칼처럼 얇은 바위 능선이다. 즐형산릉은 두 계곡을 분리하고 남은 얇은 바위 능선이며, 또한 두 개의 둥근 빙하가 서로를 향해 나아가며 침식할 때 생기기도 한다.

빙하침식 첨봉 | '빙하의 뿔(glacial horns)'로도 알려졌다. 정상이 삐죽삐죽 솟아 있으며 세 개나 그 이상의 권곡이 산의 측면에 형성될 때 만들어진다. 이곳은 매우 가파르고 위험하다.

지금까지의 언급한 이야기를 모두 듣고서도 등반을 포기하지 않았다면, 고산병, 설맹, 그리고 동상에 관한 이야기를 할 차례다.

고산병

해수면에서 대기 중 산소의 비율은 약 21%. 고도가 증가해도 비율은 일정하지만, 호흡할 때 들이쉬는 산소의 양은 크게 감소한다. 3,600m에서 한 번 숨을 쉴 때 산소 분자는 40% 이하가 되므로, 몸은 적은 산소를 이용하도록 적응해야만 한다.

고산병의 가장 흔한 원인은 너무 높은 곳을 빠르게 오르기 때문이다. 만약 시간을 들여 오른다면 몸은 산소가 줄어드는 것에 대비할 것이다. 이를 '적응(acclimatizing)'이라 부르며, 특정 고도에서 대략 사흘 정도 걸린다. 만약 3,600m까지 올라 그 고도에서 여러 날을 보내면 몸은 그 고도에 적응한다. 그런 다음 3,962m까지 오르면, 다시 같은 과정을 보내며 몸이 적응하도록 시간을 두어야 한다. 그렇지 않으면 문제가 생긴다. 최악에는 SAMS나 HAPE에 걸린다.

SAMS(중증 급성 고산병 : Severe Acute Mountain Sickness)와 HAPE(고소 폐부종 : High Altitude Pulmonary Edema)는 둘 다 피곤함과 어지러움증을 일으키며 심하면 죽음에 이르게 할 수 있을 정도로 무서운 질병이다.

설맹

높은 산악지대에서 자외선에 노출되면서 일어난다. 자외선은 눈이나 얼음에 반사되므로, 산에 오를수록 위험은 점점 더 커진다. 전문가들은 해발 304.8m(1,000ft)를 오를 때마다 자외선의 강도가 4%씩 증가한다고 말한다. 고도가 높아지면서 대기가 엷어져 자외선을 충분히 반사하지 못하기 때문이다.

설맹의 증상은 천천히 나타나는데, 눈이 충혈되고, 눈물은 점점 더 많이 흐른다. 고통이 심해지며, 눈 안에 모래가 있는 느낌이 들 것이다. 눈을 감은 것처럼 눈이 부풀어 오르겠지만, 눈을 만지거나 비비지 않으면 증상이 가라앉아 다시 볼 수 있다.

동상

동상은 피부와 다른 조직이 얼어붙는 현상이다. 적절한 보호 없이 영하 기온에 노출될 때 걸릴 수 있다. 적절한 옷을 입고, 사지를 따뜻하고 건조하게 유지하며, 고열량의 음식과 따뜻한 음료를 마시는 간단한 방법으로 동상을 막을 수 있다.

그럼 행운을 비네, 모험가여!

대통령의 바위

미국 사우스다코타의 러슈모어 산은 여러모로 안전한 곳이지만, 사실 매우 독특하다. 과거 4명의 대통령 얼굴이 새겨져 있는 커다란 바위 얼굴을 볼 수 있기 때문이다. 거대한 기념물의 높이는 각각 18m가 넘는다. 런던의 이층 버스 두 대를 겹쳐 놓은 크기의 커다란 석고 조각이라 상상하면 된다.

이곳의 지명과 바위에 새겨진 대통령의 이름을 쉽고 멋지게 기억하

는 방법은 연상 기호를 떠올리는 것이다. 연상 기호는 사람들이 숫자나 사물의 목록을 기억하는 데 도움을 주기 위해 영어 교사가 사용하는 일종의 팁이다. 외우고자 하는 것과 똑같은 문자로 만든 문장을 만들면 된다.

외워야 할 문장: Mount Rushmore Houses Washington Jefferson Lincoln Roosevelt. (러슈모어 산은 워싱턴, 제퍼슨, 링컨, 루스벨트의 보금자리다.)

연상 문장: My Really Heavy Wife Juliet Loves Romeo. (정말 무거운 나의 아내 줄리엣은 로미오를 사랑한다.)

등산에 필요한 기본 장비

1. 떠나기 전날 짐을 꾸리지 말 것. 모험을 떠나기 며칠 전에 짐을 싸야

모든 것을 확인할 시간을 확보할 수 있다.

2. 건조가 중요하다. 비상 생존 장비를 다른 것과 구분해서 포장해야 한다. 모든 물품은 방수 가방에 넣어 외부에 노출되지 않도록 한다. 성냥이나 짚과 같이 불을 붙이는 데 필요한 필수품을 포장하는 데 특히 유의한다.

3. 기본적인 것을 갖춘다. 훌륭한 탐험가들은 방문하는 지역의 지도와 나침반(현재 대부분의 휴대 전화에는 기본적으로 하나는 설치되어 있다.)을 가지고 간다.

4. 우선순위를 정한다. 필요한 모든 것을 기억하는 가장 간단한 방법은 가장 필요한 물품과 해야 할 일부터 우선순위를 정하는 것이다. 음식, 음료, 따뜻한 옷, 신발 등은 항목에서 가장 중요한 것이며 구급약도 여기에 포함된다.

5. 태양의 위험에 대비한다. 앞서 언급한 것과 같이 설맹은 산 정상에서 흔히 일어나는 사고다. 선글라스 외에 선블록과 립밤도 필요하다.

6. 도구와 비상 물품을 기억한다. 스위스 군용칼에는 코르크 마개 따개와 병따개를 포함해 여러 가지 장비가 달려 있다. 밧줄과 하네스(등산용 허리띠), 집 라인과 같은 필수품은 따로 포장하라. 도움을 요청하는 신호를 보낼 때 필요한 거울과 호루라기를 챙기는 것도 잊지 말자.

그럼 정상에서 만나자!

거대한 얼음조각

빙산의 공격 Iceberg Assaults

어떤 사람들은 빙산이 얼마나 위험한지 제대로 알지 못한다. 많은 이들이 기본적으로 빙산을 떠다니는 커다란 얼음 조각으로 생각하고 무시한다. 그러나 위험을 숨기고 있는 빙산에 대해 배울 게 아주 많다.

• 과학이 톡톡!

빙산이 문자 그대로 폭발하고 산산이 부서질 수 있다는 사실을 아는가? 거대한 자연 폭발이 일어나면 빙산은 주변으로 날카로운 얼음 조각을 발사한다.

빙산에 관한 몇 가지 사실들

• 빙산은 본래 빙하의 일부였다. 빙하는 눈과 얼음으로 이루어진 거대한 덩어리다. 그 크기는 길이가 수백 미터, 높이가 수백 또는 수천 미터에 이른다.

• 빙산은 빙하로부터 각각 분리되어 생긴다. 과학자들은 이를 가리켜 '빙하분리(calving)'라고 부르며, 일반적으로 바다의 빙산이 거대한 파도와 부딪치면서 큰 얼음 조각으로 깨지는 과정이다. 이 근처에 있으면 매우 위험하다.

• 빙산은 물보다 밀도가 낮아 떠 있을 수 있다.

• 빙산은 여섯 가지 범주로 분류된다. 가장 작은 '그라울러(growlers)', 대략 평균적으로 집 한 채 크기인 '버기 비트(bergy bits)', 그 외에 크기에 따라 소형, 중형, 대형, 초대형으로 나뉜다.

• 최근 기록된 가장 큰 빙산은 2000년 3월 남극의 얼음층이 깨지면서 발생한 것이다. 과학자들은 이 빙산을 B−15라고 이름 붙였으며, 넓이가 1만 1,655km^2 정도로 서울의 약 20배 크기였다.

빙산은 순백색일까?

믿거나 말거나, 다른 색의 빙산도 있다. 물론 농담이 아니다! 비록 지구상의 빙하는 대부분 흰색이지만 분명 파란색과 녹색을 띤 빙하도 있다.

거의 모든 빙산은 본래 파란색이다. 커다란 압력으로 압축된 얼음이 주로 파란색을 띠기 때문이다. 그러다 두 세기 동안 녹았다 얼기를 반복하면 빙산은 하얗게 변한다.

남극에서 생기는 보기 드문 녹색 빙하는 수백 년에 걸쳐 용해된 무기질(유기물을 만드는 탄소, 수소, 산소, 질소를 제외한 나머지 원소)과 반응하면서 나타난다.

서바이벌 팁

아일랜드 벨파스트에서 처음 건조할 때 '절대 가라앉지 않을 것'이라고 확신하던 타이타닉 호가 1912년 첫 항해에서 빙산에 부딪혀 침몰한 이야기를 알고 있을 것이다. 배는 빙산의 한쪽 면에 부딪혀 손상되었고, 배가 침몰하면서 1,500명이 목숨을 잃었다. 그 이후 빙산 충돌 사고에 대비해 탑승객의 목숨을 보전하기 위한 여러 시스템이 개발되었다.

1. 국제 빙산 감시 기구(The International Ice Patrol)는 빙산을 위험 요소로 간주하고 해양을 감시하는 단체다. 위험 지역을 항해하는 배의 안전을 위해 경고하고 정보를 제공한다.

2. 캐나다 뉴펀들랜드 해안의 '아이스버그 앨리(Iceberg alley)'는 주된 빙산 활동 지역이다.

3. 최근 몇 년 동안 새로운 기술이 발전하면서 빙산과 부딪히는 사고로 발생하는 인명 피해가 줄었다. 심한 안개에서도 빙산을 감지할 수 있는 레이더 시스템을 갖춘 덕분이다.

4. 추적 및 파괴 – 미국 해안 경비대는 빙산을 추적하는 센서나 움직임을 쫓기 위해 빙산에 칠할 특수 페인트 스프레이를 갖추고 있다. 만약 빙산이 너무 크거나 문제를 일으킬 것으로 여겨지면, 전투기를 이용해 폭탄을 떨어뜨려 빙산을 파괴한다.

5. 빙산이 위험한 이유는 모양이 특이하고, 대부분이 수면 밑에 있어 용감무쌍한 모험가와 선원의 눈에 보이지 않는다는 사실이다. '빙산의

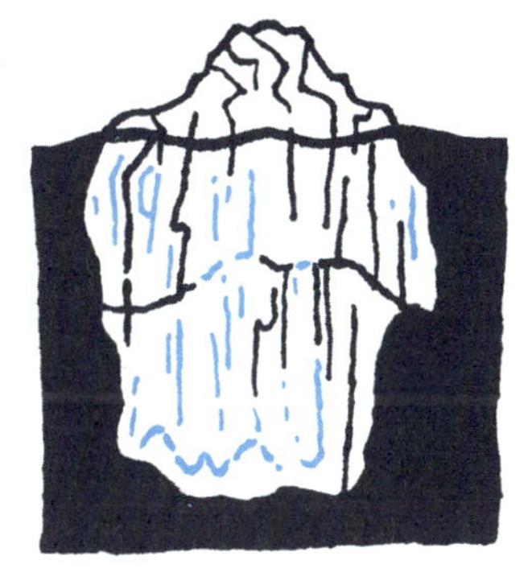

일각'이라는 속담처럼, 실제 우리 눈에 보이는 빙산은 전체의 아주 작은 부분일 뿐이다. 모든 빙산은 1/6과 1/9 사이의 간단한 수학 방정식으로 크기를 추정할 수 있다. 실제 빙산의 총 크기는 물 위로 보이는 크기에 6이나 9를 곱하면 된다. 빙산에 다가갈 때는 이 점을 명심해야 한다.

6. 빙산의 폭발 – 빙산이 자연적으로 폭발할 수도 있다. 빙산이 계속 녹으면 내부 구조가 제 무게를 지탱하기 어려울 정도로 약해지면서 폭발이 일어나는데, 이때 모든 방향으로 얼음 조각이 튀어 나가니 주의할 것!

7. 만약 빙산 때문에 생기는 위험을 극복하기 위해 빙산을 관리하고 스스로 안전을 확보했더라도, 너무 오랫동안 빙산에 매달려 있어서는 안 된다. 빙산은 대부분 3~6년 이내에 완전히 녹는다.

비가 부족해!

지독한 사막 Dastardly Deserts

사람들은 대부분 사막에 관해 몰라도 너무 모른다. 혹시 우리가 여기에 속한다 해도, 결코 우리 탓은 아니다. 엉터리 선생님들과 목적 없이 글을 쓰는 작가들, 그리고 잘못 이해한 영화 관계자들의 조합이 우리를 이렇게 만든 것이다. 많은 사람이 사막에 대해 열과 모래, 낙타와 선인장을 떠올린다. 그러나 현실은 조금 다르다.

사막은 뜨거운 온도 때문에 사막이라고 이름 붙여진 게 아니다. 물이나 습기가 부족해서 사막이라고 불리며, 지구 상에는 뜨거운 사막뿐만 아니라 몹시 추운 사막도 있다. 칠레의 아타카마 사막은 지구 상에서 가장 건조한 곳이며, 매일 기온은 다른 사막보다 다소 추운 0~25℃ 사이를 오르내린다. 사막은 매년 평균 강수량이 250mm 이하며, 내리는 비의 양보다 증발과 증산(식물이 내뿜는 습기)에 의한 물의 손실이 더 많은 지역이다.

가장 넓은 사막

지구에서 가장 큰 사막 10곳은 다음과 같다.

사막 이름	위치	크기(km²)
남극	남극	1,400만km²
북극	북극	1,405만 6,000km²(북극해 기준)
사하라	아프리카	910만km²
아라비아	아시아	233만km²
고비	아시아	130만km²
칼라하리	아프리카	90만km²
파타고니아	남아메리카	65만km²
그레이트 빅토리아	오스트레일리아	64만 7,000km²
시리아	아시아	52만km²
그레이트 베이슨	북아메리카	49만 2,000km²

사막은 북극을 포함해 모든 대륙에 걸쳐 존재하지만, 대부분은 적도를 기준으로 남위와 북위 15~30° 사이의 대륙 서쪽이나 중앙에서 발견된다. 가장 넓고 뜨거운 사막은 북아프리카에 있는 사하라 사막으로 910만km² 이상 펼쳐져 있고, 12개 국가를 가로지른다.

사막의 종류

사막은 일반적으로 그 지역에서 발생하는 주된 날씨 패턴과 사막이 자리 잡고 있는 지역에 따라 다른 방식으로 만들어지며, 그에 따라 이름을 짓는다. 무역풍이 부는 사막, 중위도 사막, 산맥 뒤편에 만들어진 사막, 해안 사막, 고위도 사막, 그리고 물론 극지방 사막도 있다.

자, 그럼 이들 사막이 만들어지는 과정에 대해 알아보자.

무역풍 사막 | 무역풍은 적도의 남쪽과 북쪽에서 부는 바람으로, 적도의 앞뒤로 움직이면서 열을 운반한다. 무역풍의 발원지인 중위도 지방의 건조한 바람은 수분을 제거하고 구름을 없애기 때문에, 다른 지역에 비해 더 많은 햇빛이 대지를 뜨겁게 달군다. 세계의 주요 사막은 대부분 이 지역에 놓여 있다. 북아프리카의 사하라 사막에서는 57℃에 이르는 치명적인 열기를 경험할 수 있다. 이게 바로 무역풍 사막이다.

강우 그늘 사막 | 강우 그늘 사막은 수분으로 가득한 구름이 높은 산맥에 가로막혀 산맥의 반대편이나 그곳에서 멀리 떨어져 있는 지역에 도달하지 못하면서 생긴다. 뜨거운 공기가 산을 넘어가면서 비를 만들거나 응결되면서 습기를 사용하거나 잃게 된다. 이 때문에 습기가 전혀 남아 있지 않아 산맥의 강우 '그늘'에 사막이 생긴다.

해안 사막 | 주로 북회귀선과 남회귀선 근처 대륙의 서쪽 지역에서 발견된다. 해안 사막은 육지와 바다, 날씨의 상호 작용으로 생기기 때문에 복잡하다. 남아메리카의 아타카마 해안 사막은 지구 상에서 가장 건조한 사막으로 꼽힌다. 이곳에서 측정된 강수량은 연평균 0~2.1mm 이다. 심지어 400년 이상 비가 내린 적이 없는 곳도 있다.

중위도 사막 | 적도의 남쪽과 북쪽으로 30~50° 사이, 대륙의 중심이

나 바다로부터 멀리 떨어진 곳에서 발견된다. 평균 기온 폭이 크며, 매우 춥거나 덥다. 미국과 멕시코 국경에 있는 소노란 사막이 대표적이다.

산지 사막 | 히말라야 산맥의 몇몇 지역처럼, 고도가 높은 건조한 곳에 있다. 해발 3,000m 이상의 높은 지대에 존재하며, 평균 강수량은 40mm 이하로 대부분 매우 춥다.

극지 사막 | 평균 강수량이 250mm 이하로, 가장 따뜻한 달 평균 기온이 10℃ 이하인 곳을 가리킨다. 극지 사막은 모래 언덕이 아닌 눈과 얼음으로 이루어져 있다는 게 가장 큰 특징이다.

서바이벌 팁

사막은 적대적이며 잠재적으로 치명적인 환경이다. 사막에 간다면, 그 종류에 상관없이, 철저히 준비해야 할 필요가 있다.

1. 뜨거운 사막에서는 높은 기온 때문에 땀이 많이 흘러 수분을 잃을 수 있다. 물이 충분하지 않거나 물을 구할 곳이 없다면, 탈수증과 이상 고열을 겪을 수 있다. 이상 고열은 몸의 내부 온도를 낮추지 못하고 과열될 때 일어난다. 두통, 현기증, 경련이 나타나고, 호흡이 약해지며, 체온은 40℃나 그 이상이 되는 것과 같은 몇 가지 증상을 주의해야 한다. 만약 제때 치료하지 못하면 목숨을 잃을 수 있다.

이런 사태를 막기 위해 가장 우선순위는 환자의 열을 식혀서 체온을 낮추는 것이다. 이때는 시원한 천을 이용하면 된다. 얼음이나 차가운 물은 열 충격을 일으켜 생명을 위협할 수 있으니, 절대 사용해서는 안 된다. 환기가 잘 되는 그늘에 환자를 두고 물기가 있는 천으로 몸을 닦아준다. 체온이 38℃ 아래로 떨어질 때까지 반복해야 한다.

2. 추운 사막에서는 저체온증(이상 고열과 반대 증상)과 동상뿐만 아니라 탈수증도 조심해야 한다. 많은 양의 얼음을 녹일 수 있는 열이 없다면 물을 만들 수 없다는 걸 명심하자.

3. 얼음층 사이의 차가운 물로 떨어지면, 체온이 빠르게 떨어지면서 저체온증에 빠지기 쉬운 위험 상황이므로, 응급조치가 반드시 필요하다. 환자는 몸을 떨기 시작하고 혼란에 빠질 것이다. 너무 혼란스러워하는 일부 사람은 옷을 벗기 시작하겠지만, 이렇게 하면 더 많은 열을 잃을 뿐이다. 환자를 보호하기 위해서는 추운 곳으로부터 대피시켜야 한다. 젖은 옷을 벗기고 가능하면 마른 옷과 따뜻한 음료, 난방 기구를 이용해 환자의 몸을 덥힌다.

치명적인 사막의 생물들

지금까지의 모든 것들을 잘 이겨냈다면 천만다행이지만 아직 사막 밖으로 나온 것은 아니다. 지구라는 행성에는 사막에 매우 잘 적응한 아름다운 모습을 뽐내고 싶어하는 많은 생물이 있다.

데스 스토커(팔레스타인 노란 전갈)

다 자란 성체의 길이는 11.5cm 정도다. 중무장한 다른 전갈에 비해 매우 연약해 보이겠지만, 큰 오산이다. 북아프리카와 중앙아시아 사막의 토착종으로 강력한 한 방이 있는 독을 갖고 있다. 건강한 성인을 죽일 정도로 독성이 강하지는 않지만, 어린아이나 노인, 건강이 약한 사람에게는 매우 위험하다. 한번 쏘이면 생명을 위협하는 알레르기 반응이 나타날 수도 있다.

사막 뿔 독사

머리 앞에 달린 독특한 뿔이 귀여워 보이겠지만 사막이라는 극한의 환경에 매우 잘 적응한 생물이다. 옆으로 움직이면서 모래 위를 가로지르기 때문에 사이드 와인더라고 불리기도 한다. 독이 치명적이지는 않지만, 구토, 메스꺼움이 생기고, 팔다리가 부어오르며, 심하면 내출혈을 일으킬 수도 있어 매우 위험하다.

타이판 독사

오스트레일리아의 토착종 뱀이다. 수줍음이 많은 성격이지만 위협을 느끼면 공격적으로 변한다. 계절에 따라 다양한 색을 띠며 풍부한 갈색부터 올리브그린까지 변색할 수 있다. 타이판 독사의 평균 몸길이는 1.8m 정도. AVRU(오스트레일리아 독 연구소)는 타이판 독사를 지구 상에서 최고의 맹독성 독사로 등록했고, 1955년 해독제가 등장하기 전까지 물린 사람 중 90%는 목숨을 잃었다. 일단 물리면, 해독제를 맞지 않는 한 45분 이내에 죽을 수 있다.

• 과학이 톡톡!

뜨거운 사막에서는, 빗방울이 땅에 떨어지기도 전에 증발할 정도로 기온이 매우 높다.

눈사태에서 암석 붕괴까지

거대한 중력 침식 Massive Mass Movements

다행스럽게, 우리는 지구가 인간보다 더 강한 것을 알고 있다. 이것은 매우 중요한 사실이다. 지구 상의 모든 것을 정복하고 싶은 욕망 때문에 자연의 덫에 걸릴 수도 있다. 그러니 이번 장이 우리 운명을 바꿀 수도 있다. 위협적인 자연재해에서 당당히 살아남아 영웅이 되느냐, 아니면 눈, 진흙, 모래 안에서 허우적대는 자신을 발견하느냐 하는 것은 이제 오로지 우리 손에 달린 셈이다.

중력을 살펴보자. 나무에서 사과를 떨어뜨린 매우 기본적인 힘이다. 그러나 사과에 그치지 않고 흙, 바위, 물, 얼음, 눈을 거대하게 움직일 수도 있다. 중력의 영향 아래 무게가 있는 물질은 내리막을 빠르게 이동할 수 있다. 그리고 그 치명적인 사고는 높은 산악 지대에서 자주 일어나니, 매우 조심해야 한다.

중력 침식에는 눈사태, 산사태, 암석 붕괴 등 세 가지 종류가 있다.

이러한 재난은 인구가 증가하고 살 곳을 늘리기 위해 많은 사람이 경사지와 산비탈에도 집을 지으면서 더 자주 발생한다. 흔히 하루아침에 '뚝딱' 집을 짓는 것처럼 날림으로 마을을 세우는 거대한 개발(게다가 불법적으로)이 진행되는 가난한 나라에서 특히 그렇다.

눈사태

눈과 얼음의 이동이다. 거대한 중력 침식 중에서 가장 빠르다. 눈사태는 눈뿐만 아니라 돌과 얼음, 물로 이루어져 있다. 눈사태를 일으키는 몇 가지 기본 사항을 알아보자.

- 언덕이나 산은 최소 25°의 경사면을 갖고 있다. 이보다 각이 작다면 눈은 비탈면에서도 미끄러지지 않을 것이다.

- 많은 눈이나 봄에 비가 내리면 가파른 경사면 위에 있는 눈이 더 무거워질 것이다.

- 눈은 마치 케이크처럼 층을 이루려는 경향이 있다. 약한 층은 계속해서 녹았다 얼기를 반복하면서 점점 커질 수 있다. 결과적으로 설원이 불안정해진다.

- 스키 타는 사람부터 지진에 이르기까지 사소한 모든 것이 눈사태를 일으키는 도화선이 될 수 있다.

눈사태가 일어나면, 그 다음은 불행의 연속이다. 눈사태에 묻힌 사람

중 55~65%는 목숨을 잃는다. 눈사태에 매몰된 후 18분 이내에 구출되면 생존율이 90% 이상이지만 18분이 지나면 생존율은 급격히 떨어진다.

눈은 처음에 미끄러지기 시작하지만, 순식간에 빠르게 구를 수 있을 정도의 속도에 이른다. 눈사태에 속도가 붙기 시작하면 시속 96km 이상으로 내려올 수 있으며, 심지어 더 빠를 때도 있다. '가루눈(Powder snow)'으로 불리는 눈사태가 가장 크고 강력하며, 시속 289km의 속도로 움직일 수 있다. 엄청난 양의 눈이 수직으로 이동하는 눈사태의 앞쪽에는 허리케인과 같은 힘이 생기는데, 이 힘은 지붕을 뜯어내고, 땅에서 나무를 뿌리째 뽑을 수 있을 정도로 무시무시하다.

서바이벌 팁

1. 방문 지역의 예보를 확인하고, 눈사태가 일어날 가능성을 점검할 것. 만약 경고가 내려진다면 잘 듣고 집으로 돌아가야 한다.

2. 다행히도 눈사태를 관리하는 기술은 점점 개선되었고, 일부의 경우엔 미리 감지할 수도 있다. 눈사태가 일어날 가능성이 큰 지역에 있다면 이를 막기 위해 울타리를 만들고, 나무를 심어 위험을 줄이고, 심지어 폭탄을 사용해 제거하기도 한다. 쾅!

3. 단체로 움직일 때는 산을 가로질러 넓게 펼쳐서 이동해야 한다. 생존 가능성을 높이고 일부 사람들은 위험 요소를 수색해 안전을 보장한다.

4. 눈사태에 휩쓸렸다면 수영 동작을 활용한다. 이 동작을 하면 가능

한 한 눈의 표면에 가깝게 있을 수 있으며, 더불어 구조될 확률도 높아진다.

5. 되도록 많은 장비를 버려야 한다. 장비의 무게 때문에 가라앉기 쉬우므로 '수영'하는 데 방해가 될 것이다.

6. 눈사태가 느려지거나 멈추면 머리를 좌우, 앞뒤로 움직인 다음 한 손으로 입을 막는다. 얼굴 주변이 눈으로 완전히 다져지기 전에 숨 쉴 공간을 만드는 방법이다. 마찬가지로 숨을 깊게 들이쉰 뒤 유지한다. 가슴 확장도 고려해야 하니 말이다.

상식이 톡톡! : 성난 눈사태

• 눈사태의 위험은 전사 한니발이 기원전 218년 로마와 싸우기 위해 알프스 산맥을 넘다가 눈사태로 1만 8,000여 명이 목숨을 잃은 기록에서도 찾아 볼 수 있다. 또한 2,000마리의 말과 많은 수의 코끼리를 잃은 것으로 기록되었다.

• 1915년~1918년 제1차 세계대전 당시, 이탈리아 알프스 산맥에서 일어난 눈사태로 싸우던 군인 6만여 명이 목숨을 잃었다. 폭탄으로 일부러 눈사태를 만드는 전술이 사용되기도 했다.

• 1962년 페루의 란나히르카에서는 한

번의 눈사태로 4,000여 명이 목숨을 잃었다.

• 1999년 2월 23일, 오스트리아 갈투르 마을이 눈사태로 파괴되어 31명이 목숨을 잃었다.

• 1999년 2월 9일 프랑스 샤모니 인근 몬트락 스키 리조트에서 일어난 커다란 눈사태로 12명이 목숨을 잃었다.

산사태 : 느리거나 빠르거나?

산사태는 바위와 흙의 움직임이다.

믿거나 말거나, 일부 거대한 이동은 매우 느리고 지루하게 일어난다. 토양포행(soil creep)이 대표적인데, 연간 1cm 미만의 속도로 슬금슬금 움직인다. 이런 느린 이동에는 큰 관심이 생기지 않는다면, 산사태에 주목하자. 산사태는 1년에 6cm를 움직이는 달팽이처럼 느린 속도부터 탄성이 절로 나오는 초속 3m에 이르기까지 제각각이다.

산사태를 일으키는 주요 원인으로 지진이나 오랫동안 내린 비를 들 수 있다. 이 때문에 토양은 포화 상태가 되어 더 무겁고 미끄럽다. 지표면의 바위나 토양 아래의 기반암은 산사태를 일으키는 주요한 원인이다. 깨진 바위는 고체 물질보다 더 잘 움직이므로, 바위의 종류 역시 중요하다.

사람의 활동도 도움이 되지는 않는다. 더 많은 집과 빌딩과 길은 산비탈에 무게를 더한다. 건물을 세우기 위해 땅을 파고 뚫으면서 산비탈은 점점 불안정해진다. 산림 벌채로 토양이 제거된 일부 지역에서는 바위가 그대로 드러나 종종 위험한 이류(mudflow) 현상의 원인이 되기도 한다.

상식이 톡톡!

- 1963년 이탈리아의 피아베 계곡. 거대한 낙석이 저수지 위로 떨어져 70m 높이의 파도를 만들었다. 이 파도는 댐을 넘어가 계곡 아래에 있는 롱가론 마을을 파괴하고 2,000명에 가까운 사람들이 목숨을 잃었다.
- 1970년 5월, 거대한 지진이 페루 지역을 강타하고 우아스카란 산 정상에 있는 상당히 많은 양의 눈과 얼음을 느슨하게 만들었다. 눈과 얼음은 거의 3,000m가량 떨어졌고, 산사태를 일으키면서 시속 480km의 속도로 융가이 마을을 강타한 것으로 조사되었다. 구조대가 3일 후에 도착했을 때 마을은 30m의 바위와 잔해 밑에 묻혀 있었고, 2만 명의 사람 중 아주 극소수만이 목숨을 건졌다.
- 1999년 북부 베네수엘라에서는 폭우와 산림 벌채 후 드러난 토양 탓에 이류 현상과 산사태가 일어났다. 이 재해로 3만 명이 죽었고, 50만 명이 집을 잃었다.

서바이벌 팁

1. 일부 산사태는 사전에 경고를 보낸다. 벽이 불룩 튀어나왔는지, 울타리가 굽었는지, 균열 때문에 생긴 소음이 들리는지 주의해서 살펴야 한다.

2. 낮은 곳에서 도망쳐야 한다. 바위와 진흙이 산비탈에서 쏟아져 내려올 때 핵심 요소는 중력이다. 만약 산사태가 다가오는 중이라면 산사태로부터 가장 멀리 떨어지고 제일 높은 곳으로 가야 한다.

3. 실내에 있는 경우, 건물이 튼튼해야만 안전할 수 있다. 낮은 층은

쓰레기로 넘칠 테니 가능한 한 빨리, 높은 곳으로 가는 게 최선이다.

4. 방패로 삼을 것을 구한다. 만약 야외에 있다면 커다랗고 강한 버팀막이 필요하다. 동굴과 같은 구조물이나 커다란 빌딩 뒤에 있는 게 가장 좋다.

5. 만약 구조물이나 건물이 보이지 않는다면, 산사태로부터 보호해줄 수 있는 커다란 물체 뒤에 숨어야 한다. 커다란 바위나 튼튼한 울타리 뒤에 숨는 게 좋다.

암석 붕괴

암석 붕괴는 한 개 또는 그 이상 바위들의 이동이다.

암석 붕괴는 '지속적인 위험'으로 분류된다. 바위들은 언제라도 굴러 떨어질 수 있기 때문이다. 다행히 암석 붕괴는 매우 드물고 40° 이상의 매우 가파른 산비탈에서만 일어난다. 바위가 박힌 곳에서 한번 빠지면 산비탈을 따라 구르거나 수직으로 떨어질 것이다. 이런 이동을 예상하거나 피하기는 매우 어렵다.

화산이 남긴 또 다른 재해

쇄설암 폭탄 Pyroclastic "Bombs"

이전 화산 장에서 언급한 화산쇄설류(Pyroclastic flow)는 무엇을 상상하든 그 이상으로 인간을 위협한다. 그들은 뜨거운 암석 조각, 용암 입자, 재, 고온의 가스로 구성되어 있으며, 뉘에 아르당트(마그마가 화산으로부터 분출해서 쇄설암들과 함께 산기슭을 따라 흘러내리는 현상)가 되어 이동한다. 시속 724km 정도로 소용돌이치며 움직이는 모습이 화려한 볼거리를 제공하지만, 그 안에는 치명적인 위험이 도사리고 있다. 800℃로 가열된 집채만 한 화산 쇄설암 폭탄도 여기에 포함된다. 화산쇄설류는 뜨거운 열기로 지나는 길에 있는 모든 것을 폭발시키거나 질식시킨다.

화산쇄설류의 위험성

• 1902년 마르티니크의 카리브 해 섬에 있는 플레 산의
화산이 폭발적으로 분화했다. 이 분화로 발생한 뉘에
아르당트는 산 앞에 있는 항구를 빠르게 덮쳤다. 열과
질식 가스로 두 마을 주민 2만 8,000명이 목숨을
잃었다. 생존자들은 몸에 심각한 화상을 입었다.

• 폼페이 마을을 뒤덮은 남부 이탈리아의 베수
비오 화산이 폭발한 후 몇 세기가 지난 뒤 과학
자들은 가스와 재를 피하기 위해 손으로 입을 막
은 채 묻힌 마을 사람을 발견했다.

• 1991년 일본의 운젠 산에서 발생한 화산쇄설류는 주변에 있던 43
명을 완전히 집어삼켰다.

• 화산쇄설류의 또 다른 위험은 바로 지름이 65mm
이상인 뜨거운 바위 조각이다. 이것은 화산 폭발
지역 근처에 있는 사람에게 심각한 상처를 입히
고 목숨을 빼앗기도 한다. 1993년 콜롬비아
갈레라 화산이 폭발적으로 분출하면서 화산
정상 근처에 있던 6명이 죽었고, 여러 명이
크게 다쳤다.

• 상식이 톡톡!

화산 쇄설암 폭탄은 형태에 따라 이름이 붙는다. '아몬드', '크러스트 빵', '쇠똥' 등
다양한 이름이 있다.

화산쇄설류로부터 살아남는 방법은 그 위험에 비하면 의외로 간단하다. 우리가 평소 숙제를 다 끝냈는지 확인하는 것처럼 안전점검표를 만들자.

1. 연구할 것 – 현재 활동 중인 화산인지, 곧 폭발할 것인지, 그 폭발이 일반적으로 화산쇄설류를 만드는지 알아야 한다.

2. 지형을 측정할 것 – 화산쇄설류는 화산의 한쪽 면으로 하강 기류를 만들어 대지를 덮치면서 낮은 지역으로 이동한다.

3. 안전한 피난처를 찾을 것 – 텐트 안에 있다면, 모든 것이 타고 그을릴 것이다. 커다란 동굴이나 내부가 깊은 건물 등의 예비 장소를 확보해야 한다. 나무로 지은 건물은 쓸모없다. 다른 가연성 물질과 마찬가지로 타버릴 테니까. 또한, 피난처에 안전하게 몸을 숨겼을지라도, 유독 가스가 스며들면 살아남을지 확신할 수 없다. 생존자들의 팁에 따르면 이런 상황에서는 유독 가스가 섞여 있는 바람이 지나갈 때까지 숨을 멈춰야 한다.

4. 화산쇄설류가 지나간 뒤 – 운이 좋아 무사할지라도 주의해야 한다. 일부 생존자들은 너무 빨리 밖으로 나가는 모험에 뛰어들곤 하는데, 그러다 검게 탄 물체를 밟으면 발에 심각한 화상을 입을 수 있다. 심지어 신발이 녹을 수도 있다. 온도가 내려갈 때까지 기다려야 한다.

화산 폭발 만들기

'콜라와 멘토스' 폭발로 잘 알려진 이 실험은 거대한 거품이 분출되기 때문에 야외에서 하는 게 좋다. 천장부터 바닥까지 집 전체가 콜라로 뒤덮이길 원하지 않는다면 말이다.

준비물

콜라 1.5L 한 병(다이어트 콜라를 이용하면 더 좋은 결과를 얻을 수 있다.), 멘토스 여러 개(포장 단위의 절반 정도),

주방용 깔때기나 튜브(반드시 필요하진 않지만, 이것을 이용하면 콜라병 안에 많은 양의 멘토스를 더 쉽게 넣을 수 있다.)

실험 방법

1. 다시 말하지만, 주변을 살피고 콜라로 뒤덮여도 괜찮은 곳인지 확인한 다음 실험을 진행한다. 야외가 가장 좋다.

2. 평평한 땅이나 판자 위에 콜라병을 놓는다. 수직으로 똑바로 세운 상태에서 뚜껑을 연다. 만약 깔때기나 튜브가 있다면 콜라병 목에 끼워 넣는다. (콜라병 안으로 멘토스를 쉽게 넣을 수 있다.) 그렇지 않으면 준비한 멘토스를 병 안에 전부 넣지 못해 원하는 실험 결과를 얻기 어려울 수도 있다.

3. 콜라 안에 멘토스를 모두 넣었으면 이제 기다리는 일만 남았다. 실험을 제대로 수행했다면 콜라가 폭발하듯 병 밖으로 뿜어져 나오는 장관을 볼 수 있을 것이다. 일부 실험에서는 콜라가 9m 높이까지 솟아오르기도 했다.

이 실험의 원리에 관한 과학적인 의견은 다양하지만, 대부분 멘토스에 난 작고 오목한 홈에 콜라의 이산화탄소가 결합하면서 격렬한 반응이 일어났다는 데 동의한다.

탄산음료에 들어 있는 거품의 주인공은 이산화탄소. 탄산음료를 만들 때 공장에서 주입한 것으로, 이 가스는 탄산음료를 컵에 붓고 마시기 전까지 액체에서 빠져나올 수 없다. 일부는 뚜껑을 열 때(열기 전에 병을 흔들었다면 더 많은 양이) 빠져나가기도 한다. 즉, 많은 양의 이산화탄소가 거품의 형태로 액체에서 빠져나가려고 한다는 뜻이다.

다이어트 콜라 속에 떨어뜨린 멘토스는 액체의 표면 장력을 깨 이산화탄소를 만든다. 이 과정은 멘토스의 표면에 형성된 거품들에 의해 더욱 빨라진다. 멘토스는 표면적을 엄청나게 증가시키는 작고 오목한 홈(마치 골프공처럼)들로 뒤덮여 있고, 그 주위로 많은 양의 거품이 생긴다. 이런 특징들이 결합하면서 순식간에 엄청난 양의 거품이 생기고, 콜라 폭발로 이어진다.

땅 밑엔 뭐가 있지?

놀라운 지하 세계 Subterranean Surprises

지하란 무엇인가?

'Subterranean'이라는 말은 두 단어에서 따왔다. 'sub'는 밑 또는 아래를, 'terrain'은 땅을 뜻한다. 간단하게 두 단어를 붙이면 '땅 밑'이라는 단어가 완성된다.

최고의 탐험지는 주로 땅 밑에서 발견된다. 어둡고 비밀스러우며, 잘 알려지지 않았기 때문이다. 수천 년 동안 상당수의 사람이 동굴에 집을 지었다. 동굴은 변화무쌍한 날씨로부터의 피난처이며, 적의 공격으로부터 몸을 숨기는 은신처이기도 했다. 원시인(caveman)에게 동굴이 없었다면 어딜 간단 말인가?

동굴학은 탐사를 비롯해 동굴의 환경과 모든 요소를 연구하는 과학이다.

동굴은 어떻게 만들어질까?

동굴의 다양한 형성 방법 – 해안의 절벽에서 발견되는 일부 동굴은 파도에 부딪혀 침식되어 생긴다. 용암 동굴은 땅속에 있는 용암의 표면이 차갑게 굳어 단단해진 다음 안쪽의 용암이 빠져나가면서 형성된다. 해빙수(눈이나 얼음, 빙하가 녹은 물)가 바다로 여행을 시작할 때 터널을 깎으면서 빙하에 동굴이 생기기도 한다.

그러나 대부분의 지하 동굴은 카르스트 지형에 형성된다. – 카르스트는 석회석, 백운석 및 석고 암석들이 약한 산성수에 천천히 녹으면서 만들어지는 지형의 한 종류다.

바위를 녹인 산성비

대기 중의 이산화탄소와 섞인 비는 땅으로 떨어지고 땅속에 스며들면서 더 많은 이산화탄소를 흡수한다. 이 과정이 연속적으로 일어나면서 카르스트 지형의 주된 암석인 방해석을 녹일 수 있는 약한 산성을 띠게 된다. 산성을 띤 물은 틈새를 통해 더 깊숙이 들어가고, 지하수를 따라 흐른다. 결국, 그 중 일부가 암석을 녹이면서 작은 구멍으로 시작해 결국 커다란 동굴을 만든다. 그러나 이런 일들이 하루아침에 벌어지는 건 아니다. 사람 한 명이 살아갈 수 있을 정도로 충분히 크고 넓은 동굴이 되려면 10만 년 이상 걸릴 수 있다. 이 과정은 석회암으로 만든 건물, 기념물, 동상을 흉하게 망가뜨리고 부식시키는 산성비의 원리와 비슷하다.

이상한 동굴 바위

동굴의 어둠 속에 숨겨진 여러 모양의 바위들을 보자.

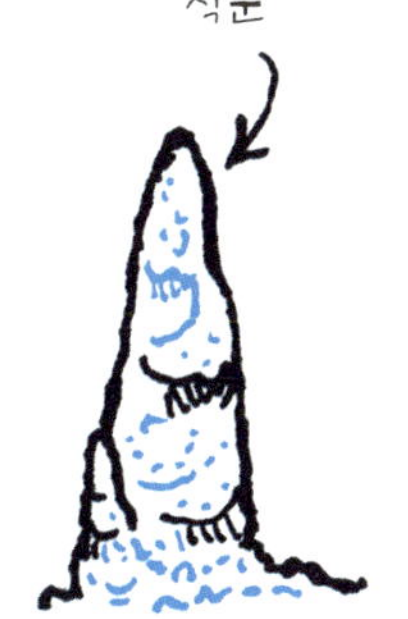

동굴 천장에서 떨어지는 물은 고드름 모양의 종유석을 만든다. 석순은 흔히 종유석 끝에서 물방울이 떨어지면서 생기며, 바닥부터 자란다. 석주는 종유석과 석순이 만나면서 생긴다. 방해석이 폭포처럼 동굴의 벽과 바닥에서 자라면 유석(flowstone)이 된다. 커튼이나 빨대 모양의 종유석도 있다. 주로 벽과 바닥, 천장에서 모든 방향으로 비틀어져 있으며, 곡석(helictite)이라 불린다.

동굴의 생물들

동굴에 사는 많은 생물종은 지상의 생물과는 다르게 진화했다. 대부분 빛이 부족한 환경에서 살기 때문에 앞을 보지 못한다. 또한, 피부색이 결핍되어 있는데, 이는 색소가 없기 때문이다.

최근 이스라엘 근처의 동굴에서 담수와 해수 양쪽 모두 서식할 수 있는 새로운 동물종이 많이 발견되었다.

동굴에 사는 생물종은 다음과 같이 분류한다. 진동물성생물(troglobites)은 일생을 동굴에서 보내는 종이며, 호동굴성생물(troglophiles)은 동물에서 모든 삶을 살 수 있지만 다른 환경에서도 살 수 있는 종이다. 외래동굴성생물(trogloxenes) 역시 동굴을 이용하지만, 주기적으로 동굴을 벗어나거나 원래 밖에서 살던 동물이 우연히 들어와 살게 된 경우로, 전적으로 동굴에서 지내는 것과 구분된다.

발밑을 조심해!

석회암이 깔린 카르스트 지형 위를 걷고 있다면 매우 조심해야 한다. 돌출된 바위나 공극(카르스트 지형 표면에 놓여 있는 깊은 틈새)은 무시하더라도, 보이지 않는 급류와 싱크홀(패인 땅 : swallow hole) 등이 주변에 도사리고 있기 때문이다. 물론 표면에 드러난 급류도 있지만, 대부분 바위 사이로 숨어 흐르기 때문에 잘 보이지 않는다. 게다가 급류는 싱크홀이라는 절구 모양의 커다란 구멍을 만든다. 심지어 동굴의 지붕이 뚫리기도 한다. 그 어디로도 떨어지고 싶진 않겠지? 영국의 요크셔 지방에는 110m 깊이의 '갭핑 길(Gaping Gill)'이라 불리는 싱크홀이 있다.

과거의 사람들은 어리석게도 카르스트 지형의 석회암 위에 집을 지었다. 동굴은 흔히 지표면 바로 아래에 형성되어 있었고, 이 사실을 알아챈 것은 이미 사고가 일어난 후였다. 1981년 플로리다에서는 미처 발견하지 못한 동굴의 천장이 무너지면서 집 한 채와 여섯 대의 자동차가 그 안으로 떨어졌다. 그 구멍은 폭 198m 이상(미식축구 경기장 약 2개를 합한 길이), 깊이 48m(나이아가라의 호스슈 폭포와 비슷한 높이) 정도로 거대했다.

베이징의 지하 도시 딕시아 청(Dixia Cheng)은 1969년 마오쩌둥이 핵 공격에 대비해 건설한 지하 폭탄 대피소로, 중국과 옛소련의 국경 지역 분쟁이 남긴 흔적이다. 길이 29km의 터널이 지면에서 8~18m 내려간 지점에 건설되었으며, 1969년부터 짓기 시작해 1979년에 완공되었다. 천 번에 가까운 공습에도 끄떡없을 정도로 튼튼하다.

그 안에는 지하 거주자를 위한 시설도 마련되어 있다. 아이들을 위해 교실을 지었고, 영화관, 이발소, 레스토랑 같은 시설도 있었다.

● 상식이 톡톡!

아가타(Agartha)는 지구 중심에 있다는 전설의 도시다. 지구의 한가운데가 비어 있으며, 사람들의 접근이 가능할 것이라는 믿음에서 시작되었다. 아가타와 도시에 관해 기록된 많은 이야기는 불교의 중요한 가르침이 되었다. 이 도시의 위치에 관해서는 의견이 분분하지만, 많은 사람이 그 도시로 들어가는 입구가 중앙아시아, 티베트의 북쪽에 자리 잡고 있으며, 정말 순수한 마음을 가진 사람만이 그곳에 들어갈 수 있다고 입을 모은다.

달걀 껍데기 벗기기

이 실험은 많은 시간과 인내가 필요하지만, 실험이 낳은 과학적 결과는 정말 멋지다.

준비물
그릇 또는 컵 한 개, 날달걀, 식초

실험 방법

1. 그릇이나 컵에 달걀을 넣는다.

2. 달걀이 완전히 잠기도록 식초를 붓는다.

3. 이제 가장 어려운 부분이다. 일주일 동안 그대로 둔다.

4. 일주일 후 달걀을 꺼낸다. 무엇이 보이는가?

과학이 톡톡!

산성인 식초는 탄산칼슘으로 된 달걀 껍데기와 반응한다. 식초는 달걀 껍데기를 칼슘과 탄소로 분리해 녹인다.

닮은 듯 다른
북극과 남극 Arctic and Antarctic

"극과 극이야!"라는 말이 있다. 아무리 노력해도 더는 멀어질 수 없을 만큼 멀리 있다는 뜻이다. 정확하게 북극과 남극처럼 말이다. 맞다, 물론 한 곳은 지구 꼭대기에, 다른 한 곳은 밑바닥에 있지만 좀 더 자세히 살펴보면 북극과 남극은 서로에게서 훨씬 더 멀어질 수 있을 정도로 다르다.

북극(the North pole, the Arctic)은 꽁꽁 언 바다 주변을 빙 둘러 대륙이 싸고 있지만, 남극(the South pole, the Antarctic)은 꽁꽁 언 대륙이 바다에 둘러싸여 있다. 이름조차도 '반대'다. 고대 그리스인들은 비록 눈으로 확인하진 못했지만, 남극의 존재를 짐작하고 있었다. 그들은 단순하게도 북극과 균형을 맞추기 위해 남극이 있을 것으로 생각했으며, 남극을 가리켜 'Anti-Arkitos'나 'opposite(반대)'라고 불렀다.

만약 이 둘이 서로 반대라는 증거가 필요하다면, 뒤바뀐 계절을 확인해 보자. 기울어진 지구의 자전축 때문에 북극의 여름은 반대로 남극의 겨울이다.

긴 하루

남극과 북극에서는 6개월이 낮, 6개월이 밤인 긴 하루를 보낼 수 있다. 지구 자전축이 23.5° 기울어져 있기 때문에 가능한 일이다. 지구가 공전하면서 태양은 6개월 동안 지구 자전축 위쪽을 비추고, 그 다음에는 사라져버린다. 덕분에 여름에는 6개월

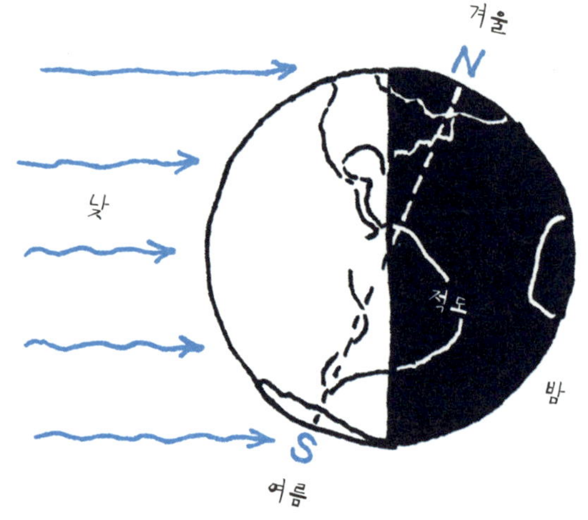

동안 하늘에서 태양이 지지 않고 겨울에는 6개월 동안 태양이 뜨지 않는다. 이 현상은 최북단과 최남단에서 교대로 일어난다. 오직 극지방에서만 낮과 밤으로 된 완전한 하루를 경험할 수 있는 것이다.

얼음 모자 : 지구의 선글라스

터무니없이 들리겠지만, 지구 꼭대기와 밑바닥의 얼음 모자는 사람이 적당한 온도에서 살 수 있도록 도와준다. 자연의 탁월한 냉각 시스템인

셈이다.

적도에서 태양은 수직으로 비추기 때문에 가장 많은 태양 에너지를

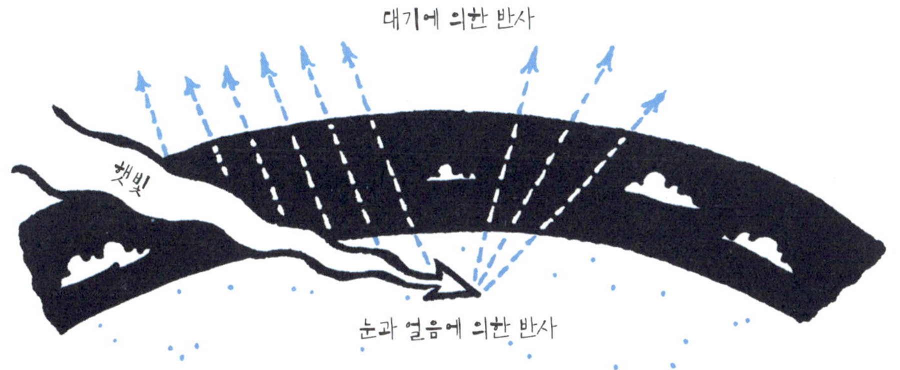

받는다. 극지방에서는 태양이 낮은 각도로 뜨기 때문에 더 적은 에너지를 받는다. 이는 햇빛이 극지방의 더 두꺼운 대기를 통과하면서 많이 사라지고, 흩어지며, 반사되기 때문이다.

위의 그림은 극지방을 통과하는 햇빛의 움직임을 간단하게 나타낸 것이다. 흰색으로 칠해진 부분은 극지방의 '알베도'를 극대화한다. 응? 뭐라고? 알베도는 지구와 같은 행성의 여러 표면이 반사하는 태양 광선의 비율을 나타내는 말이다.

지구의 심해와 어두운 색의 토양은 햇빛을 반사하기에 적합하지 않아 알베도가 낮다. 약 10% 수준이다. 반대로 극지방의 새하얀 눈은 알베도나 반사율이 높다. 85% 정도나 그 이상이다. 이는 북극과 남극의 얼음이 햇빛을 대부분 대기 중으로 반사해 지구가 전체적으로 알맞은 온도를 유지하는 데 도움을 준다는 뜻이다. 마치 커다란 거울이나 선글라스처럼 말이다.

북극 파헤치기

• 북극해의 절반 이상은 두께가 3m인 해빙으로 덮여 있다.

• 많은 탐험가와 과학자들은 북극이 남극처럼 광대한 대륙 위에 두꺼운 얼음이 쌓여 있을 것이라 믿었지만, 1958년 잠수함 승무원이 얼음 모자의 아래로 들어가 반대쪽으로 나오는 항해에 성공하면서 북극이 둥둥 떠 있는 커다란 얼음 조각이라는 걸 알게 되었다.

• 북극은 위도 90°, 경도 0°에 위치한다.

• 비교적 '따뜻한 극'에 속하는 북극의 여름 온도는 영상까지 오르지만, 겨울 하루 평균 기온은 영하 30℃ 정도다.

남극 파헤치기

• 남극 대륙은 대략 유럽 대륙의 절반 정도 크기며, 우리나라보다 140배 정도 크다. (길을 잃지 마세요!)

• 남극 대륙은 지구 위에 '원주민'이 없는 단 하나의 대륙이다. 남극을 연구하기 위해 기지를 세운 수천 명의 과학자만 있을 뿐, 살기 위해 남극으로 간 사람은 아무도 없다.

• 지구에서 가장 춥고 바람이 많이 불며, 최고로 높고 건조한 곳이다. 남극은 냉동 사막이나 다름없다.

• 남극이 녹는다면, 해수면의 높이가 거의 60m 정도 상승할 것이다.

• 1983년 7월, 지구에서 가장 낮은 기온은 남극의 보스토크 기지에서 기록되었다. 기온이 영하 89℃까지 내려갔다.

극지방의 터줏대감들

극지방에서 살아남기 위해서는 극한 환경에도 끄떡없을 만큼 매우 강하고, 적응력이 뛰어나야 한다. 그런 의미에서 각각의 극지방에 사는 터줏대감 중 누가 더 강한지 겨뤄보는 건 어떨까? 북극 대표는 북극곰, 남극 대표는 황제펭귄이다.

북극곰은 지구의 땅 위에서 사는 육식 동물 중 가장 크다. 다 자란 성체의 몸길이는 3m 정도며, 몸무게는 350~680kg에 육박한다. 눈 또는 얼음 위를 건너거나 물에 들어갈 때 추위를 잘 견딜 수 있도록 극지방의 환경에 잘 적응했다. 북극곰의 털가죽은 상아색이나 흰색을 띤 것처럼 보이지만 실제로 그들의 보호 털은 투명하고 깨끗하다. 덕분에 햇빛은 두툼한 털가죽을 지나 피부에 닿고, 북극곰은 몸을 따뜻하게 유지할 수 있다. 심지어 북극곰은 몸 밖으로 열을 내뿜지 않는다. 내뿜는다고 할지라도 그 양이 얼마나 적은지, 열을 감지하는 적외선 카메라로도 관찰할 수 없다. 북극곰은 뛰어난 수영 선수며, 쉬지 않고 80km를 수영할 수도 있다. 피부 아래에는 10cm 정도 두께의 지방층이 있어, 부력을 제공할 뿐만 아니라 수영에도 도움을 준다. 겨울에 북극곰은 평균 기온 영하 30℃의 추위를 견뎌야 하고, 살기 위해 먹잇감을 찾아야 한다. 북극곰은 살아남기 위해 다른 종의 곰들보다 더 먼 거리인 241km 이상의 지역을 횡단하는 여행을 한다.

황제펭귄은 모든 펭귄종 중에서 가장 크고 무거우며, 몸길이 1.2m, 무게 22~45kg까지 자란다. 남극에서 겨울을 나는 동안 번식을 하는 유일한 펭귄종이다. 이 시기의 다른 모든 동물은 남극 대륙을 떠난다. 부화할 때까지 알을 돌보는 수컷은 지구에서 가장 혹독한 겨울의 환경을 견뎌야 한다. 영하 70℃의 기온, 매서운 바람, 햇빛과 음식, 물도 없는 4개월을 어떻게 보낼까? 맨 먼저 황제펭귄은 수천 마리의 개체가 무리 속에서 번식하기 위해 50~120km 이상의 얼음 위를 걷는다. 암컷은 한 개의 알을 낳은 뒤 바다로 가서 먹이를 구하며, 그동안 수컷이 알을 품는다. 헌신하는 아빠들은 서로 몸을 딱 붙인 채로 선 뒤 천천히 주위를 돌다가 무리의 가장자리에 있는 펭귄들의 체온이 낮아지면 순서대로 따뜻한 중심부까지 이동하며 전체 집단의 체온을 유지하는데, 이를 허들링(huddling)이라고 한다.

자, 이제 누가 더 강한 극지방의 주민이라고 생각하는가?

극지방에 좀비가 산다고?

북극과 남극에 도전한 초기의 많은 탐험가들은 치료제가 퍼지기 시작한 1800년까지 비타민 C가 부족해서 생기는 '괴혈병'으로 고통받았다. 비타민 C는 체내에서 합성되지 않기 때문에 채소와 과일, 가공 육류(비타민 C는 조리를 시작함과 동시에 파괴된다.) 등 음식을 통해서만 얻을 수 있다. 초기의 많은 항해자와 북극 탐험가들은 오래된 식품(비타민 C가 기존의 함량보다 낮아진)을 섭취해 비타민 C 부족 현상을 겪었다.

괴혈병에 걸리면 몸에 있는 작은 혈관들이 약해지면서 오래된 상처들이 재발하기 시작한다. 잇몸에서 피가 나고 치아가 빠지는 것은 기본이고, 온 몸에 멍이 퍼진다. 이후 근육과 관절에서 많은 양의 출혈이 일어나 고통이 커지고 정신이 혼미해지면서, 마치 미친 사람처럼 보이기도 한다. 만약 제때 치료를 하지 못하면 심정지나 호흡 곤란으로 사망하게 된다.

최악의 경우로 꼽히는 보고에는, 고통받는 사람들을 출혈 단계에 따라 녹색, 빨간색, 노란색 얼룩과 함께 부푼 시체들로 묘사했다. 궤양이 진행되고 피부에 염증이 생기면 역겨운 냄새와 함께 진물이 난다.(극지방에 좀비가 산다는 소문이 왜 생겼는지 알겠지?)

서바이벌 팁

1. 정확한 장비를 가져갈 것 – 최소한 다음의 물품들이 필요할 것이다. 느슨하고 따뜻한 옷 여러 벌(느슨한 옷은 몸의 열을 가두고 땀이 증발하는 걸 도와준다.), 가방, 내후성 외투, 스키나 스노 신발, 고글이나 선글라스(설맹 방지용), 자외선 차단제, 방한모, 장갑, 조명탄(위험할 경우를 대비해), 침낭, 텐트, 작은 삽, 불을 켜는 장비, 요리 장비, 나침반, 지도, 칼과 충분한 양의 음식.

2. 안전한 시기를 알아볼 것 – 대부분의 얼음이 녹는 북극의 여름을 탐험하는 일은 매우 위험하다. 탐험하기에 충분한 얼음이 얼 때까지 기다려야 한다. 마찬가지로 기온이 보통 영하 50℃를 밑도는 남극의 겨울(북반구의 여름)을 탐험하는 것도 권장하지 않는다. 날씨를 연구하면 각 극지방을 탐험할 가장 적합한 시기를 찾을 수 있다.

3. 건조함을 유지할 것 – 북극 지역에서 젖은 몸은 탐험가에게 재앙이

될 수 있다. 동상을 포함한 갖가지 위험에 노출될 수 있다.

4. 쉼터 – 지금까지 언급한 모든 문제가 중요하지만, 온도가 너무 많이 떨어지거나 허리케인처럼 강력한 바람이 분다면 몸을 보호하기에 텐트는 터무니없이 약하다. 최고의 선택은 눈구덩이를 파는 것이다.

- 작은 삽을 이용할 것 – 숨을 곳이 필요할 것이다. 바람과 맞닿은 바위 뒤에 숨으면 바람이나 눈을 피할 수 있지만 안으로 몸 전체를 넣을 수 있을 정도로 깊이가 충분해야 한다.

- 눈 상태를 점검할 것 – 눈이 너무 흩어지면 눈덩이를 팔 수 없다. 모양을 유지할 수 있을 만큼 충분한 수분이 있어야 한다.

- 풍향을 점검할 것 – 바람이 눈구덩이를 향해 불고 있지 않은지 확인한다. 아마 그러면 너무 추워 견디기 어려울 것이다.

- 구덩이를 팔 것 – 몸이 쏙 들어갈 수 있을 만큼 구멍을 판다. 2m 정도 판 다음 옆으로 폭을 넓힌 뒤 그 안으로 들어간다. 누울 수 있을 정도로 공간이 충분해야 한다.

- 침대 만들기 – 일단 구덩이의 모양이 잡히기 시작하면, 가운데에 '침대'를 만들자. 공원의 작은 벤치 모양이면 된다. 차가운 바람이

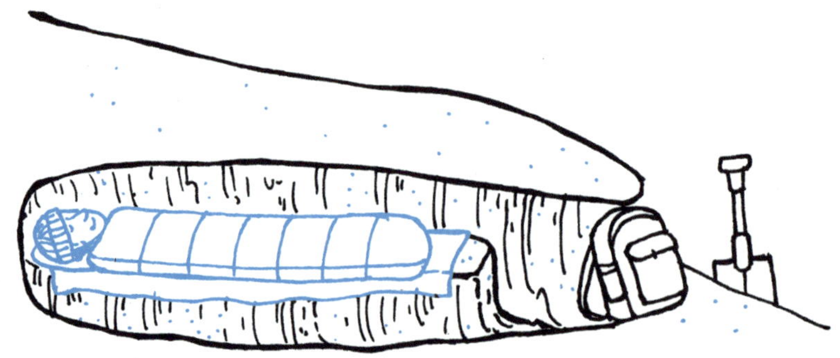

아래로 가라앉고 따뜻한 공기가 위로 올라오기 때문에 침대를 만들면 좀 더 따뜻하게 쉴 수 있다.

- 문을 막을 것 – 눈구덩이 안쪽에서 가방과 같은 장비를 이용해 문을 막는다.

- 건조함을 유지할 것 – 침대 위에 방수 소재를 깔고 그 위에 침낭을 올린다. (몸과 침낭이 젖는 것을 막아준다.)

5. 체력 유지는 필수 – 극지 탐험에서 체력은 성공과 실패를 좌우할 정도로 중요하다. 정기적으로 먹고 마시고, 밤에는 충분히 쉬어야 한다.

원주민과 잘 어울리기

남극에 간다면 탐험가나 몇몇 과학자들만 마주치게 될 것이다. 그러나 북극에는 사미와 이누이트를 포함한 다양한 부족과 문화가 존재한다. 북극의 원주민들은 다양한 언어와 사투리를 사용하지만, 아래의 팁을 잘 응용한다면 몇몇 이누이트와 간단하게 이야기할 수 있을 것이다.

한국어	영어	이누이트 어 발음
환영합니다.	Welcome.	Toong-a-su-GIT
어때?	How are you?	Ka-nui-PIT?
나는 추워요.	I am cold.	Ik-KIIK-too-nga
배고파요.	I am hungry.	KAAK-too-nga
이름이 무엇입니까?	What is your name?	Ki-now-VIT?
감사합니다.	Thank you.	Koo-YAAN-na-miik
화장실을 써도 될까요?	Can I use the bathroom?	a-NAR-vik a-too-roon-NAK-pa-ra?
안녕히 계세요.	Goodbye.	TUG-vow-voo-tiit

＊일부 'k'는 실제 'q'로 발음된다.

땅이 흔들흔들!
놀라운 지진 Extraordinary Earthquakes

지진은 화산처럼 판의 가장자리를 따라 발견되며, 이런 거대한 판이 서로에게 힘을 가할 때 생기는 압력이 쌓이면서 발생한다. 이때 작용하는 커다란 압력은 판을 앞뒤, 위아래로 움직이는 원동력이 된다. 요점은 지진은 실제로 진원이라 불리는 지구 표면 깊은 곳에서 시작한다는 것이다. 진원이 깊을수록 피해는 적다. 지진파가 지표면까지 먼 거리를 이동하면서 에너지를 잃기 때문이다. 진원 바로 위 지표면 지점을 진앙 또는 진원지라고 부르며, 지진의 피해는 일반적으로 진앙에서 더 끔찍하다.

깊이에 따라 피해도 달라

- 천발 지진 : 진원의 깊이가 70km 이하인 지진. 가장 위험하며, 전 세계에서 발생하는 지진의 75%가 천발 지진이다.
- 중발 지진 : 진원의 깊이가 70~300km 사이인 지진.
- 심발 지진 : 진원의 깊이가 300~700km인 지진. 피해가 가장 적다.

지진파

땅 아래의 진원에서 발생하는 지진파는 돌을 던지면 연못에 파문이 이는 것과 같다. 속도에 따라 지진파는 세 가지로 나눌 수 있다.

P파(제1차 파) − 가장 빠른 지진파로 움직이는 방향으로 진동한다. 첫 번째로 느낄 수 있다. 초속 5.5km로 이동하며, 지금까지 만들어진 가장 빠른 여객기보다 8배나 빠르다.

S파(제2차 파) − P파의 절반 속도밖에 되지 않지만, 땅을 실제로 흔드는 지진파. 지진파가 이동 방향과 수직으로 움직이기 때문에, 이 지진파는 바람에 흔들리는 리본 조각처럼 콘크리트와 건물을 흔들 수 있다.

표면파(Surface) − 지표면을 따라 이동하는 지진파. 지진파 중에서 가장 마지막으로 도착하지만, 자신이 도착했음을 확실히 알린다. 표면파는 바다 표면처럼 지구를 흔든다. 다리가 앞뒤로 흔들리거나 전선과 가스 배관이 부러지는 원인이 된다. 몇몇 지진학자(지진 전문가)들은 느린 표면파를 지진의 꼬리에 들어 있는 '독침'으로 표현하기도 했다.

지난 100년간의 거대한 지진

발생 연도	발생 지역	사망자 수	리히터 규모	피해 액수(원)
1908	이탈리아 메시나	대략 2만 6,000명	7.5	1,321억
1920	중국 간수	23만 5,000명	8.6	285억
1923	일본 도쿄	14만 3,000명	8.3	32억
1976	중국 당산	대략 30만 명	8.0	63억
1990	서부 이란	대략 5만 명	7.7	알려지지 않음
2001	인도	대략 10만 명	7.7	20억

지진의 피해

화산과 마찬가지로 지진의 피해는 첫 번째와 두 번째 피해로 나눌 수 있다. 첫 번째 피해는 지진이 일어난 즉시 발생한다. 땅이 격렬하게 흔들리면서 수많은 사람이 목숨을 잃고, 건물이 무너지고 다리와 길이 파괴되는 피해를 포함한다. 건물이 무너지거나 그로 인한 잔해들은 많은 이들의 목숨을 순식간에 앗아간다.

두 번째 피해는 지진이 일어난 다음에 나타나는 것으로, 첫 번째보다 충격이 더 크다. 두 번째 피해는 다음과 같다.

화재 │ 불은 어디에서나 일어날 수 있다. 보통 전자 제품이나 가스 배관이 손상되면서 일어난다. 화재는 1906년 샌프란시스코 지진 이후 인명 피해의 주요 원인이었다.

쓰나미 │ 지진으로 인해 생기는 거대한 파도를 쓰나미라고 한다. 쓰나미는 몇 천 킬로미터 떨어진 땅을 집어삼키기 전에 바다를 빠르게 가로지른다. 1964년 알래스카 지진은 캘리포니아의 해안 여러 곳에 상당한 피해를 줬다. 비록 로스앤젤레스는 지금까지 큰 피해를 당하진 않았지만, 여전히 쓰나미가 발생하기 쉬운 지역으로 분류된다.

산사태와 눈사태 | 지진은 종종 거대한 양의 바위나 흙, 눈과 얼음, 물 등을 매우 빠르게 이동시키기 때문에 산사태나 눈사태가 일어나기도 한다. 세인트 헬레나 산의 화산 폭발 전에도 발생했다. 산사태나 눈사태는 가파르고 지반이 약해진 곳에서 발생할 가능성이 높다.

질병 | 질병은 커다란 지진이 발생한 다음 주변 환경이 더러워지면서 순식간에 퍼진다. 장티푸스와 콜레라 같은 수인성 질병(물이나 음식물에 들어 있는 세균에 의해 전염되는 질병)이 주로 발생한다. 특히 의료 시설이 제대로 갖춰져 있지 않은 가난한 나라는 지진 피해로 심각한 위험에 처할 수 있다.

지진의 규모

지진의 규모를 측정하는 데는 두 가지 기준이 있다.

1. 리히터 규모 : 지진계라는 기계를 사용해 지진의 규모를 측정한다. 리히터 규모는 로그값으로 나타낸다. 리히터 규모 8.0은 리히터 규모 7.0보다 10배,

리히터 규모 6.0보다는 100배 더 많이 흔들렸다는 뜻이다. 방출된 에너지의 양과 규모 사이에는 일정한 관계가 있어서, 규모 값이 1 늘어날 때마다 지진 에너지는 30배씩 커진다. 즉, 리히터 규모 4.0으로 측정된 지진은 리히터 규모 3.0인 지진에 비해 에너지가 30배 크다.

2. 메르칼리 진도는 지진 : 실제 크기를 측정하는 게 아니라 피해 정도에 따라 계급을 나눈다. 1에서 12까지 나누며(이 계급을 실제로 나타낼 때는 로마 숫자를 이용한다. I~XII) 지진이 피해를 준 정도에 따라 등급을 매긴다. 백열전구가 흔들릴 정도의 지진은 메르칼리 진도 III에 속하며 진도 XII로 갈수록 피해 정도가 심하다.

3. 진도는 세계적으로 통일되지 않았으며, 각 나라는 그들의 실정에 맞는 진도 계급을 이용하고 있다. 일본은 일본 기상청 계급(JMA Scale; Japanese Meteologial Agency Scale)을, 미국은 수정된 메르칼리 진도 계급(MM Scale; Modified Mercalli Scale)을 사용한다. 우리나라는 과거 일본 기상청 계급을 사용했지만, 2001년 1월 1일부터 수정된 메르칼리 진도 계급을 이용한다.

서바이벌 팁

1. 지진이 일어나기 전에 물과 음식, 담요, 구급 상자, 손전등과 라디오가 들어 있는 생존 장비를 준비한다.

2. 지진이 일어나는 동안 실내에 있다면, 추락해 다칠 수 있는 물건들로부터 멀리 있어야 한다.

3. 식탁이나 책상 등 튼튼한 가구 밑으로 기어들어 간 뒤 지진이 끝날 때까지 기다린다.

4. 창문이나 거울처럼 산산이 조각날 수 있는 물건들과 멀리 떨어진다. 심각한 상처를 입을 수 있다.

5. 실외에 있다면 추락해 다칠 수 있는 물건에서 멀리 떨어진다. 나무, 건물과 송전선 등이 여기에 포함된다. 탁 트인 공간이 가장 안전

하다.

6. 지진이 끝난 것 같아도 여전히 조심해야 한다. 여진(메인 지진 후 일어나는 작은 지진)으로 피해를 볼 수 있다. 잔해들을 건너는 것은 위험한 행동이며, 땅이 갈라질 수도 있다. 불이 나거나, 가스가 폭발할 가능성도 남아 있다. 앞에서 언급된 다른 위험들도 일어날 수 있다는 걸 명심한다.

압력이랑 놀자!

압력은 눈에 보이지 않지만, 날씨를 조절하고 지진과 쓰나미를 일으킬 만큼 강하다.

이 멋진 실험을 이용해 압력이 우리 주변에서 어떻게 작용하는지 발견해 보자.

준비물

속이 빈 알루미늄 캔, 주방용 집게, 냄비 한 개, 차가운 물

실험 방법

1. 냄비에 차가운 물을 채운다.

2. 캔 안쪽에 물을 한 숟갈 넣는다.

3. 가스레인지 위에 캔을 올려놓고 물을 끓인다.

4. 물이 끓으면 캔 위쪽으로 수증기가 올라올 것이다.

5. 빠르고 조심스럽게 집게로 뜨거운 캔을 들어 올린다. 캔을 거꾸로 뒤집은 채로 냄비에 담긴 차가운 물에 넣는다.

6. 순식간에 캔이 찌그러지는 걸 관찰한다.

과학이 톡톡!

캔을 가열하면 안쪽의 물이 끓는다. 이 물은 수증기가 되어 캔 안쪽을 가득 채운 뒤 밖으로 나온다. 캔 안이 수증기로 가득 찼을 때 순간적으로 빠르게 식히면 수증기가 빠르게 냉각되면서 진공 상태를 만든다. 안쪽이 진공 상태가 되면 상대적으로 캔의 바깥쪽 압력이 커지면서 간단하게 캔을 찌그러트릴 수 있다.

물렁물렁해진 땅

토양 액화 현상 Liquifying Earth

일부 지진이 일어나는 동안, 발밑의 땅이 액체처럼 물컹물컹해지는 이상한 현상이 생긴다. 물을 많이 포함한 땅이 자제력을 잃고 심하게 흔들렸을 때 액체와 같은 성질이 시작되는 토양 액화 현상이다. 마치 젖은 모래 위에 서 있거나, 발가락이 점점 가라앉는 느낌과 비슷하다. 발밑의 땅이 흔들흔들한 젤리가 된 것 같다.

서바이벌 팁

지진과 마찬가지로 화재, 가스 폭발, 건물 붕괴 등 액화와 관련된 많은 위험이 있다.

1. 도시 또는 개발 지역에 있다면, 가장 큰 위협 중 하나가 붕괴나 지반 침하가 될 것이다. 건물이 서 있는 땅이 액체처럼 물컹거리면서 건물이 넘어질 수 있다. 건물 안에 있다면, 테이블과 같은 큰 가구를 찾아 그 아래에 들어가 위험이 지나가길 기다린다.

2. 건물 밖에 있다면, 땅이 액화될 때 무너지면서 머리 위로 떨어질 수 있는 건물이나 전봇대, 나무에서 멀리 떨어진다.

3. 무엇보다 침착해야 한다. 문제에 직면했을 때 당황한 사람들은 죽기 쉽다. 물컹한 땅이 이상하게 느껴지겠지만, 그리 오래가지 않을 것이다. 안전한 곳에서 기다린다면 곧 괜찮아질 것이다.

물컹물컹 고무 뼈

이 실험에서는 강하고 튼튼한 닭 뼈를 쉽게 굽혀지고 움직일 수 있는 고무처럼 바꿀 수 있다.

준비물

용기 또는 비커,

요리하지 않은 닭 뼈,

식초

실험 방법

1. 닭 뼈를 깨끗하게 씻은 다음 말린다.

   하룻밤 정도 건조시키는 게 가장 좋다.

2. 비커에 뼈를 넣는다.

3. 뼈가 완전히 잠길 때까지 식초를 붓는다.

4. 6~7일 정도 그대로 둔다.

5. 꺼내서 만져보라. 무엇을 발견했는가?

과학이 톡톡!

산성인 식초는 닭 뼈의 칼슘을 녹이는 역할을 한다. 뼈를 강하게 만드는 칼슘이 녹으면 뼈에는 쉽게 구부릴 수 있는 유연한 성분들만 남는다.

2

기상 현상
Weather Phenomena

자연의 암살자

토네이도 Tornadoes

전문가들은 '토네이도'의 이름이 '천둥'을 의미하는 스페인어 'tronada'에서 따온 것이라 여기지만, 토네이도는 그 어떤 천둥과도 비교할 수 없을 정도로 훨씬 치명적이다. 자연의 암살자라는 별명에 걸맞게 대기에서 일어나는 모든 폭풍 중에서 최고로 꼽힌다. 허리케인보다 훨씬 작고 수명이 짧지만, 엄청난 에너지를 가지고 있다.

토네이도의 탄생

토네이도의 탄생은 생각만큼 요란하지 않다. 오히려 그 시작은 우아한 공기층의 춤사위에 비유될 정도다. 일반적으로 땅이 골고루 데

워지지 않거나 다른 성질의 두 공기층이 만나면 따뜻한 공기가 찬 공기 위로 올라가는 강한 상승 기류가 생긴다. 이때 '슈퍼 셀'이라는 지름 20~50km의 커다란 뇌우(번개와 천둥을 일으키는 폭풍우의 일종)가 만들어지고, 이 구름 속에서 공기는 코리올리의 힘(전향력 : 물체가 회전 좌표계에서 운동할 때 나타나는 관성력)에 의해 빙글빙글 회전을 시작한다. 이 현상은 메조사이클론이라 불리는데, 과학자들은 메조사이클론의 절반 정도가 토네이도로 발전한다고 추측하고 있다.

메조사이클론의 회전이 계속되면 크기가 줄어들면서 회전 속도가 빨라져 깔때기 구름이 된다. (이것은 피겨스케이트에서 팔을 벌리고 천천히 돌다가 오므리면서 빠르게 회전하는 것과 같은 원리다.) 그리고 깔때기 구름이 아래로 내려와 땅에 닿는다. 토네이도가 세상에 모습을 드러낸 순간이다.

토네이도 앨리

미국은 전 세계에서 토네이도가 가장 자주 발생하는 지역이다. 세상의 모든 토네이도 중 75% 이상이 미국에서 발생한다. 심지어 그 어디보다 강력하다. 미국에서는 해마다 1만 2,000여 개의 크고 작은 토네이도가 발생하며 수많은 사람이 목숨을 잃는다. 허리케인과 달리 주로 땅 위에서 형성되기 때문에 내륙 지역에서 자주 일어난다. 특히 미국 중부지역(북쪽의 네브래스카를 시작해 중앙 평원을 지나 남쪽의 텍사스까지)에 집중적으로 발생하는데, 이 지역을 '토네이도 앨리(Tornado Alley : 토네이도가 지나는 길

목)'라고 부를 정도다. 이 지역에 사는 사람들은 매년 3,000개 이상의 토네이도를 겪는다.

이유는 바로 비교적 단순한 지형 구조 때문이다. 토네이도가 생기기 위해서는 깔때기 구름을 만들기 전까지 비교적 안정된 상태를 유지해야 하는데, 산맥 등으로 지형이 복잡하면 그럴 가능성이 매우 희박하다. 반면 넓은 평야가 주를 이루는 미국 중부 지대는 토네이도가 만들어지기에 얄미울 정도로 안성맞춤이다.

여기에 공기의 흐름 또한 토네이도 탄생에 한 몫을 담당한다. 초봄과 여름에 멕시코 만에서 넘어오는 따뜻하고 습한 공기 덩어리와 북극에서 불어오는 차고 건조한 공기가 미국의 대평원에서 만나 토네이도를 수시로 만든다.

미국을 제외한 다른 곳에도 토네이도가 생기기는 하지만 강도가 낮다. 주로 적도와 극 사이의 중간 지점인 중간 위도에서 발생한다. 영국은 중간 위도에 자리 잡고 있어서, 매년 60개 이상의 토네이도가 발생한다. 반면 우리나라는 산지가 많아 육지에서는 토네이도가 잘 생기지 않지만, 바다에서는 종종 토네이도의 일종인 용오름 현상이 발생한다.

후지타 규모

토네이도의 강도를 나타낼 때는 피해 정도를 기준으로 한 후지타 규모(Fujita Scale)를 주로 사용한다. (최근에는 풍속과 피해 규모를 기준으로 '개선된 후지타 규모'를 사용하기도 한다.) 후지타 규모는 모두 6등급으로 분류되며, F0에서 시작해 F5까지 있다. 다음의 표를 보고 피해 정도를 살펴 보자.

토네이도의 규모별 피해 정도

후지타 규모	풍속 (km/h)	발생 확률(%)	피해 경로 너비(m)	피해 정도
F0	64~116	38.9	10~50	가벼운 손상. 나뭇가지가 부러진다.
F1	117~180	35.6	30~150	나뭇가지가 꺾이고 주택의 지붕이나 창문이 깨진다.
F2	181~253	19.4	110~250	큰 나무의 뿌리가 뽑히고 약한 건축물이 파괴된다.
F3	254~332	4.9	200~500	심각한 손상. 벽이 무너지고 나무 대부분이 뿌리째 뽑힌다. 고층 건물이 흔들린다.
F4	333~419	1.1	400~900	폐허. 먼 거리에서 날아온 쓰레기 더미로 만든 벽이 생긴다. 기차가 뒤집히고 자동차가 날아간다.
F5	420~511	0.1 이하	1100 이상	믿을 수 없을 정도로 심각한 손상. 드물게 발생하긴 하지만, 피해 정도가 매우 크다. 집을 파괴하고 쓰레기 더미를 옮기는 건 물론, 큰 건물을 깡그리 없애버린다.

자료 : 미국 국립해양대기청(NOAA)

● 상식이 톡톡!

• 강력한 토네이도가 불면 종종 집이 땅 위로 들어 올려지고 360° 회전한 뒤 곧바로 땅으로 '펑'하고 떨어지기도 한다.

• 토네이도는 먼지나 쓰레기가 들어 올려지기 전까지 거의 투명하게 보일 수도 있다.

• 토네이도는 북반 구에서는 반시계방향으로, 남반구에서는 시계방향으로 회전한다. 그러나 드물게(약 1% 정도)는 반대로 회전하기도 한다.

• 1999년 5월 3일, 60개 이상의 토네이도가 미국 캔자스와 오클라호마 지역을 공포로 몰아넣은 적이 있다. 1조 원 이상의 손해를 입혔고, 44명이 목숨을 잃었으며, 1,000여 명이 다쳤다.

• 가장 빠른 바람을 가진 토네이도는 1999년 5월 3일, 미국 오클라호마 주 브리지

크릭 근처에서 생긴 토네이도로, 시속 508km였다.

· 1974년 4월 3일과 4일에 이틀 동안 148개의 토네이도가 미국 13개 주를 휩쓴 적도 있다. 이를 '슈퍼 토네이도 아웃브레이크'라고 하며, 지금까지 기록된 가장 큰 규모의 토네이도다. 15개의 토네이도가 동시에 생긴 적도 있다. 300여 명이 목숨을 잃고, 5,300여 명이 다쳤다.

· 1925년 3월 18일, 미국 미주리 주에서 시작된 거대한 '트라이 스테이트 토네이도'는 가장 치명적인 토네이도 중 하나로 기록되었다. 토네이도는 약 3시간 30분 동안 시속 100km로 350km(순서대로 미주리, 일리노이, 인디애나 주를 통과했다.)를 이동했다. 이는 지금까지 토네이도가 이동한 거리 중 가장 길다. 트리 스테이트 토네이도로 총 695명이 목숨을 잃고 2,000여 명이 부상을 당했다.

토네이도의 종류

토네이도는 비단 규모뿐만 아니라 크기와 강도도 다양하다. 어떤 것을 빨아들이느냐에 따라 색깔도 각각이다. 먼지나 파편이 있으면 희미하거나 흰색을, 그렇지 않으면 보통 회색을, 비를 뿌리는 토네이도는 흰색 또는 푸른색을 띤다. 어떤 것은 번개가 치면서 생긴 황산 때문에 썩은 달걀 냄새를 풍기기도 한다.

용오름Waterspouts

물 위에 생긴 토네이도. 우리나라에서는 용이 승천하는 것처럼 보인다고 해서 용오름이라고 부른다. 물 위에 있어 겉보기에 물기둥처럼 보이지만 구름 덩어리로 만들어졌다. 그러나 물 위에 생긴 만큼 수증기가 많이 유

입될 수 있기 때문에 많은 양의 비를 뿌릴 수 있고, 수많은 사망자를 내
기도 했다.

스파게티(로프 토네이도)

길고, 몇 가닥으로 꼬여 있으며, 파악
하기 어렵다. 이름처럼 거대한 스파게티
면발이나 길고 얇은 밧줄처럼 보인다.

와이드(웨지 토네이도)

지름이 큰 토네이도의 아랫부분은
다른 토네이도에 비해 큰 피해를 줄
수 있다. 공기가 빠르게 흐르면서 계
속 토네이도 안으로 들어오기 때문에
시속 400km의 바람을 만들 수 있다.
토네이도가 크면 클수록 풍속은 더 빨라진다. 토네이도 안쪽으로 공기
가 쉽게 유입되기 때문이다.

서바이벌 팁

1. 날씨 전문가들은 토네이도의 평균 경보 시간은 13분 정도로 예상한
다. 어두운 녹색 하늘, 커다란 우박을 동반한 폭풍, 기차의 포효 소리
와 같은 굉음 등의 징후로 토네이도를 예측할 수 있다.

2. 토네이도가 불 때 만약 실내에 있다면, 낮은 곳에 있을수록 좋다.
지하 또는 집안의 가장 낮은 층으로 피신해야 한다. 매트리스와 같이

부드러운 것으로 몸을 덮고 테이블 아래에 숨어서 기다린다.

3. 만약 밖에 있다면 땅이나 도랑 등 움푹 패인 곳을 찾아 할 수 있는 한 바닥에 바짝 엎드리는 게 좋다. 몸을 쭈그리고 앉아서 무릎에 가슴을 대고 팔로 감싼 자세를 추천한다. 부드러운 물체로 머리를 덮는 것도 잊지 말자.

공기 배 만들기

공기와 압력은 토네이도를 만드는 데 핵심 구성 요소다. 공기와 압력, 여기에 몇 가지 간단한 장비를 추가하면 나만의 공기 배를 만들 수 있다.

준비물

긴 줄(6.1m), 빨대, 셀로판테이프, 풍선 한 개, 친구의 도움

실험 방법

1. 줄 끝에 빨대를 끼운 다음 끝을 다른 사물(나무나 울타리)에 묶어 고정시킨다.

2. 풍선을 분 다음 입구는 묶지 않는다. (공기 배가 작동하기 위해서는 공기가 빠져나가는 길이 필요하다.)

3. 풍선 입구를 손으로 잡은 채 1에서 준비한 빨대에 풍선을 셀로판테이프로 고정한다. (이 과정은 손이 여러 개 필요하니 친구에게 부탁할 것.)

4. 준비가 되면, 다른 한 쪽 줄을 잡고 풍선을 놓는다. 출발! 휘이이익〜〜〜〜〜〜!

과학이 톡톡!

이 실험을 통해 우리는 공기 압력이 어떻게 바람을 만드는지 알 수 있다. 바람은 압력이 높은 곳에서 낮은 곳으로 공기가 이동하면서 생긴다. 풍선 안의 공기는 바깥쪽보다 압력이 크다. 입구를 잡고 있던 손을 놓으면 풍선 안쪽의 공기가 매우 빠르게 밖으로 나가면서 밀어내는 힘으로 공기 배가 앞으로 나아갈 수 있다. 우리 주변의 보이지 않는 공기 압력은 날씨와 깊은 관련이 있다. 토네이도가 만들어질 때 따뜻한 공기는 압력이 낮아 위로 올라가고 차가운 공기는 압력이 높아 아래로 내려간다. 이 결과 두 공기 사이에서 매우 빠른 움직임이 생기게 된다.

하늘에서 개구리가!

동물비 Animal Rain

우리가 생각하는 보통 비는 식물의 갈증을 없애거나 말라버린 개울을 채우는 하늘에서 떨어지는 물방울이다. 그러나 때때로 조금 이상한 비도 있다. 물이 아닌 다른 것, 예를 들어 물고기나 개구리, 오징어 등이 우수수 떨어지는 그런 비 말이다. (물고기가 하늘에서 떨어지는 게 가장 일반적이다.) '밖에 고양이와 강아지 비가 내린다'(이 속담은 원래 폭우를 가리킬 때 자주 쓰인다.)는 속담이 결코 헛된 말은 아니다. 동물비는 우리의 예상보다 훨씬 더 자주 일어난다. 사실 보고에 따르면 지구 곳곳에서 매우 정기적으로 발생한다.

어떻게 동물이 하늘에서?

동물이 하늘에서 떨어지는 원리는 간단하다. 먼저 동물들이 하늘로 올라가야 한다. 과학자들은 땅이나 바다, 강에서 강한 상승 기류가 일어나 동물들이 끌려 올라간다고 추측하고 있다. 주로 강한 바람이 존재할 가능성이 높은 뇌우나 토네이도 속에서 이런 현상이 발견된다.

한번 하늘로 올라간 동물은 짧게는 몇 킬로미터, 길게는 수백 킬로미터까지 이동하기도 한다. 이동한 다음에는 물고기, 개구리, 심지어 거북이까지 물방울 비와 함께 떨어진다.

무엇이 내렸나?

• 1864년, 캐나다 퀘벡의 한 농부는 커다란 우박 안에 들어 있는 개구리를 발견했다.

• 1901년 미국 미네소타 주에 개구리와 두꺼비가 쏟아져 도로 위에 6cm나 쌓여 사람이 걸어다닐 수 없는 지경이었다.

• 1930년, 길이 20cm의 거북이가 미시시피에서 폭풍이 부는 동안 하늘에서 떨어졌다. (혹시, 닌자 거북이?)

• 1976년, 올림픽 요트 선수들이 폭풍을 헤치고 항해를 하는 동안 하늘에서 떨어진 살아 있는 구더기들과 함께 있어야 했다는 기록이 있다.

• 1996년, 영국의 웰시 마을 사람들은 개구리 비가 내리는 것을 보았고, 2년 뒤 비슷한 사건이 런던 남부의 크로이든에서 일어났다.

• 2010년 호주 북부의 한 마을에 손바닥만 한 크기의 물고기 수백 마

리가 하늘에서 '내렸다'. 호주 여러 지역에서 이런 일이 종종 일어나고 있다.

• 『삼국사기』에는 "경주에 물고기가 비에 섞여 떨어졌다"는 기록이 있다. 우리나라도 예외는 아니라는 얘기!

어떻게 해야 할까?

동물비는 헛간이나 집 안 등에서 바라만 보는 게 좋다. 머리 위로 구더기나 물고기가 떨어지기를 결코 원하는 건 아니겠지? 위협적인 건 바로 동물의 크기인데, 동물의 크기나 무게에 따라 피해 정도가 달라지기 때문이다. 작은 동물들은 비록 역겹긴 해도 별다른 상처를 입히지는 못한다. 그러나 하늘에서 떨어지는 커다란 생물은 상상할 수 없을 정도의 큰 피해를 줄 것이다. 거북이의 등딱지나 개구리가 들어 있는 우박이 머리 위로 떨어지면 얼마나 아플지 한번 상상해보라.

만약 바깥에 있다면, 그리고 숨을 곳을 찾지 못한다면, 나무나 동굴과 같은 곳을 찾아보자. 나무는 떨어지는 물체를 완전히 막을 수는 없지만, 머리 위에 있는 나뭇가지들에 먼저 닿아 천천히 떨어지게 할 수는 있을 것이다. (그래도 머리는 손이나 팔로 가려야 하겠지?) 운이 좋으면 동물비 속에서 새로운 애완동물을 발견할지도!

중력이랑 놀자!

일반적으로 물건은 위에서 아래로 떨어진다. 드물게는 동물비처럼……. 그러나 그 상식은 이 실험에선 통하지 않는다!

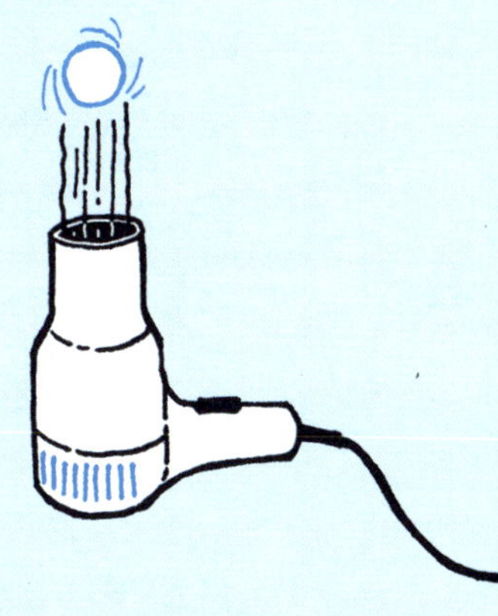

준비물

헤어드라이어 한 대,

탁구공 한 개(연습하면 더 많은 탁구공을 가지고 할 수 있다.)

실험 방법

1. 헤어드라이어의 플러그를 콘센트에 꽂는다. 헤어드라이어를 켜고 가장 센 바람으로 설정한다.

2. 헤어드라이어 입구를 공중을 향해 위쪽으로 똑바로 세운다.

3. 헤어드라이어 입구(뜨거운 공기가 올라오는 곳) 한가운데 탁구공을 세운다. 어떤 일이 일어나는가?

과학이 톡톡!

탁구공이 제자리에 서 있는 이유는 뭘까? 헤어드라이어의 뜨거운 공기가 중력과 같은 크기로 탁구공을 밀어내고 있기 때문. 또한 공기의 압력이 탁구공을 붙잡아 두는 기둥을 만들고, 덕분에 탁구공은 헤어드라이어 입구 위에 둥둥~. 몇 번 연습하면 한번에 2~3개 또는 그 이상의 탁구공을 올려놓을 수 있다. 이 기술이 완벽해지면 탁구공 위에 각각 다른 동물을 그려 보자. 동물비가 내릴 때의 상승 기류를 헤어드라이어 하나로 재현하는 셈이다.

강한 바람은 모래를 싣고!

먼지 폭풍 Dust Storms

봄이 되면 우리나라에 찾아오는 불청객이 있다. 모래와 먼지를 가득 싣고 서해를 건너오는 황사가 그 주인공. 황사는 넓은 모래 지역에 강풍이 불 때 주로 생기는 먼지 폭풍이다. 먼지 폭풍은 모래 폭풍이라고도 불리며 지구에서 일어나는 위험하고 예측할 수 없는 재해 중 하나다. 일단 먼지 폭풍에 갇히면 방향감각을 잃거나 심지어 질식할 수 있다. 만약 먼지 폭풍에 온몸으로 맞설 만큼 용기가 있다면, 이번 장을 통해 성공과 실패를 미리 경험해 보자.

• 먼지 폭풍은 결코 지구에서만 일어나는 현상이 아니다. 화성에서는 먼지 폭풍이 정기적으로 발생한다.

• 일반적으로 먼지 폭풍에서 모래 '벽'의 높이는 15m 정도이지만, 1.6km까지 높아질 수도 있다.

• 먼지 폭풍은 사하라와 고비 지역 같은 사막에서 흔히 발생하지만, 건조 또는 반건조 기후에서라면 어디서든 생길 수 있다.

• 먼지 폭풍은 빠르게 움직일 수 있으며, 최대 이동 속도는 시속 120km 정도다. 그러니 두 발로 도망칠 수 있을 것이라는 기대는 버려라.

• 중국과 몽골 등 사막과 황토 지대에서 시작되는 아시아 먼지(황사)는 전 세계에서 가장 심한 먼지 폭풍으로 꼽힌다.

• 황사 현상 때문에 공기 중으로 올라간 먼지 입자 중 작고 가벼운 것은 우리나라를 거쳐 일본, 심지어는 태평양을 건너 미국까지 날아가기도 한다.

• 황사는 주로 봄에 심한데, 겨우내 얼어붙었던 땅이 녹아 흙이 잘 부서지면서 공기 중에 떠다니기 쉬운 크기(20㎛ 이하)의 모래와 먼지 입자들이 많이 생기기 때문이다.

• 먼지 폭풍은 지역이나 국가에 따라 부르는 이름이 조금씩 다르다. 우리나라에 익숙한 황사는 전 세계적으로 아시아 먼지(Asia Dust)라고 부르며, 일본에서는 코사(Kosa), 중국에서는 모래 폭풍이라고 부른다. 아프리카 북부 사하라 사막에서 불어오는 먼지 폭풍은 사하라 먼지(Sahara Dust)라고 하며, 이 중에서 특히 이집트의 사막 지역에서 이라크, 이란 등에 이르기까지 봄철에 중동 지역의 사막에서 부는 먼지 폭

풍을 캄신(Khamsin)이라고 부른다.

우리나라의 황사 피해는 어느 정도일까? 황사 발원지인 중국의 산업화가 빠르게 진행되면서 먼지뿐만 아니라 규소나 철, 알루미늄, 납과 같은 각종 중금속 오염 물질이 황사에 섞여 있다. 황사에 섞인 여러 가지 물질들은 우리 몸에 나쁜 영향을 끼칠 수 있는데, 눈이나 코의 점막을 자극하면서 기관지염이나 결막염, 각막염 등을 유발하고, 먼지가 피부의 모공을 막아 염증이나 가려움증 등이 생기기도 한다. 또한 자동차, 조선업계 등 각종 산업체에도 큰 피해를 준다. 특히 반도체는 수억 분의 1mm의 부품을 다루는 매우 세밀한 작업 과정을 거치기 때문에 미세 먼지에 치명적일 수밖에 없다.

서바이벌 팁

만약 먼지 폭풍 안에 있다면, 탈출을 시도하기엔 너무 늦었다. 일단 먼지 폭풍에 둘러싸이면 앞이 보이지 않아 방향 감각을 잃고, 햇빛이 차단되며, 모래가 노출된 피부와 눈을 자극할 것이다. 만약 입을 제대로 막을 수 없는 상황이라면 모래가 목구멍을 통해 폐로 들어가 몸에 치명적일 수 있다. 정말 끔찍한 일이지만, 몇 가지 생존 팁과 함께하면 아무 탈 없이 먼지 폭풍에서 빠져나올 수 있을 것이다.

1. 꼭 준비해야 할 것 : 반사막이나 사막 환경은 먼지 폭풍이 자주 부는 지역이다. 이곳을 방문할 땐 반드시 다음의 물품들을 가져가야 한다.

• 마스크 – 먼지가 입과 코로 들어가는 걸 방지하고, 질식을 막기 위해 사용한다.

• 공기 차단 고글 – 먼지가 눈에 들어가 심각하게 다치는 걸 막는다. 만약 마스크나 고글 중 하나를 준비하지 않았다면, 옷을 벗어서 눈, 입, 코를 보호한다.

• 보호복 – 바람막이 재질로 된 것을 사용하는 게 가장 이상적이다. 흩날리는 모래를 막을 수 있기 때문이다.

2. 차를 몰고 도망칠 것 : 차 안에서 먼지 폭풍이 몰려오는 것을 본다면, 즉시 다른 방향으로 차를 몰아 먼지 폭풍을 피한다.

3. 위기에 대비할 것 : 실내에 있다면, 모든 창문과 문을 닫고 기다려야 한다. 차 안에 있다면 차를 안전한 곳에 세우고 기다린다.

4. 높은 곳을 찾거나 낙타를 세울 것 : 불행하게도 실외에서 먼지 폭풍을 만났다면 높은 곳을 찾아야 한다. 크고 무거운 물질들은 지면에 가까이에 있다. 그러니 먼지가 가볍고 밀도가 낮은 지역으로 가는 게 가장 좋은 방법이다. 만약 실패했다면, 낙타를 세우고 그 뒤로 숨는다. 낙타의 몸이 숨을 곳을 제공할 것이다.

열대성 폭풍의 또 다른 이름

지독한 태풍 Horrid Hurricanes

태풍과 윌리 윌리의 차이를 아는가? 사이클론과 허리케인은? 태풍, 윌리 윌리, 허리케인, 사이클론은 모두 '열대성 폭풍'에 속한다. 사실 이 기상 현상들은 모두 똑같이 위험하지만, 단지 지구 어디에서 생겼는지에 따라 다른 이름이 붙여진 것이다. 마치 똑같은 사람이지만 엄마, 아빠가 다른 것처럼 말이다. '윌리 윌리'는 오스트레일리아 북쪽 해상에서 생긴 열대성 폭풍을 가리키며, '태풍'은 북태평양, '사이클론'은 인도양, '허리케인'은 대서양에서 발생하는 열대성 폭풍을 일컫는다. 그러니 전 세계 중 어디를 여행하느냐에 따라 그 지역의 태풍 이름은 알아두는 센스가 필요하겠지?

최근에 허리케인이라는 용어는 열대성 폭풍을 총칭해 가리키기도 한다.

태풍의 생성 조건

태풍은 지구의 특정한 지역에서 특정한 시간에만 나타난다. 다음은 태풍이 만들어지는 데 필요한 조건이다.

1. 태풍은 수심 70m 지점의 온도가 최소 26℃ 이상인 따뜻한 열대 바다를 거치며 형성된다. 따뜻한 물은 증발이 잘 일어나고, 이 과정에서 많은 열을 태풍에 공급하기 때문에 태풍의 연료나 다름없다. 깊은 바다의 따뜻한 수온은 태풍 형성에 매우 결정적인 조건이다.

2. 수온이 가장 높아지는 8월에서 10월 사이에 태풍이 가장 많이 발생한다.

3. 적도를 향해 부는 무역풍은 해상풍을 따뜻하게 한다. 이 바람은 하층 대기에서 만나 태풍이 형성되기 위한 이상적인 조건을 만든다.

4. 태풍이 생기기 위한 최종 핵심 요소는 위치다. 태풍은 북위 또는 남위 5°에서 20° 사이에서만 만들어진다. 5°보다 낮은 위도에서는 적도와 너무 가까워 태풍이 만들어지기 어렵다. 적도에서는 태풍을 돌릴 만한 힘을 얻지 못하기 때문이다. 그러나 적도 근처에서 만들어진 구름이 바람을 타고 북위 또는 남위 5°까지만 이동하면, 코리올리의 힘에 의해 태풍을 회전시키는 힘을 얻을 수 있다.

일단 만들어진 태풍은 북서쪽으로 이동하면서 적도에 남은 열을 더 추운 극지방으로 이동시킨다. 적도 지방과 극지방에서 받는 태양 에너지의 크기는 너무 다르다. 단위 면적에 받는 태양 에너지의 양이 다르기 때문인데, 태풍은 적도 지방의 열을 북쪽으로 옮기는 일종의 에너지 버스다. 덕분에 전 세계에 걸쳐 지구가 고르게 기온을 유지할 수 있다. 멕시코 카리브 해와 걸프만의 따뜻한 열대 바다에서 시작된 허리케인은 영국과 북유럽 일부에 따뜻한 바람과 더 높은 기온을 전달한다.

문제는 태풍의 세부 경로를 예측하기 힘들다는 것. 실제 경로는 주변의 기상 상황에 따라 시시각각으로 변한다. 마치 '세계에서 가장 큰 소용돌이 바람이 부니, 그냥 내버려 둬!'라고 하는 것 같다. 휘이~~~!

태풍 통계

• 태풍은 지름이 650km 이상으로 커질 수 있다.

• 몇몇 전문가들은 태풍이 하루에 원자 폭탄 50만 개와 맞먹는 에너지를 내뿜을 수 있다고 주장한다.

• 태풍이 완전히 자라고 만들어지면 가운데에 유명한 구름 '태풍의 눈'이 생긴다.

• 태풍이 육지에 닿으면 많은 생명을 앗아가고, 집과 건물 등 모든 것이 파괴되지만, 그와 동시에 태풍은 사그라지기 시작한다. 태풍이 자라기 위해서는 따뜻한 수증기가 반드시 공급되어야 하는데, 땅 위에서는 불가능하기 때문이다. 또한 태풍이 지나는 길의 마찰력은 바다보다 땅이 훨씬 크다.

• 1998년 11월, 중앙아메리카를 통과한 허리케인 '미치(Mitch)'는 2만 명의 목숨을 앗아갔다. 이는 온두라스 인구의 20% 정도에 해당하며, 나머지 주민은 집을 잃었고, 니카라과의 주요 교량 50개가 파괴되었다.

• 1970년 11월, 열대 사이클론은 시속 200km의 바람을 일으켰으며, 갠지스 삼각주를 강타했다. 30만 명이 목숨을 잃고, 50만 마리의 소가 익사했으며, 60%의 어선이 손실되었다.

• 허리케인 카트리나는 2005년 8월 29일, 미국 루이지애나를 강타했고, 총 93조 285억 원 이상의 재산 피해를 줘 가장 비싼 자연재해로 역사에 기록되었다.

• 2008년 5월 미얀마에 상륙한 사이클론 나르기스로 7만여 명의 사망자와 2만여 명의 실종자가 발생했다.

• 우리나라에 가장 큰 피해를 준 태풍은 2002년 8월과 2003년 9월에 한반도에 상륙한 태풍 '루사'와 '매미'다. 태풍 '루사'는 하루에 870mm(우리나라 연 강수량 : 1,300mm)의 집중호우를 뿌려 강릉 일대를 물바다로 만들었으며, 236명이 목숨을 잃고 34명이 실종되었다. 또한 6조 1,152억 원 정도의 어마어마한 재산 피해를 줬다. 태풍 '매미'는 순간 최대 풍속 초속 60m의 강력한 바람을 동반해 우리나라 최악의 태풍으로 기록되었다.

태풍은 그 크기나 규모로 볼 때 지구의 가장 치명적인 위험 중 하나지만, 단지 더 많은 양의 따뜻한 공기를 가지고 있을 뿐이다. 태풍이 어떤 방법으로 피해를 주는지 살펴보자.

강풍 | 태풍은 종종 시속 160km 이상의 바람을 동반하기도 한다. 심할 때는 시속 300km 정도로 세게 불기도 한다. 이쯤이면 사람이 날아가는 것뿐만 아니라 송전선과 여러 통신망, 다리, 마을이 파괴되고, 커다란 경제적 손실을 입힌다.

폭풍 해일 | 강한 바람이 바다에 영향을 끼치고, 하층 대기에 압력을 더해 해일이 일어날 수 있다. 주로 해안이나 삼각주 같은 저지대 지역에 위협적인데, 방글라데시, 갠지스 강 삼각주의 주요 사망 원인은 사이클론이다. 1970년에 발생한 사이클론은 높이 8m의 폭풍 해일을 만들었다.

홍수 | 태풍은 폭풍 해일이나 폭우뿐만 아니라, 홍수와 같은 또 다른 위험 요소를 가지고 있다. 1974년 온두라스에서는 허리케인 홍수로 80만 명이 목숨을 잃었고 튼튼하지 않은 집이 모두 떠내려갔다.

산사태 | 가난한 나라의 가파른 곳이나 불안정한 지반, 또는 불법으로 지어진 건물들이 있는 지역에 내리는 폭우는 산사태를 일으킬 수 있다. 원인은 대부분 무분별한 개발이다. 벌거숭이 땅은 강한 폭풍이 지나가는 동안 더 쉽게 미끄러지기 때문이다.

● 상식이 톡톡!

태풍의 이름은 미리 정해져 있다. 태풍의 영향을 받는 아시아 지역의 14개 국가가 모여 '태풍위원회'를 만들고 각 나라에서 10개씩 태풍의 이름을 짓는다. 총 140개의 이름은 태풍이 만들어지는 순서대로 붙여진다.

1. 운이 좋게도, 태풍은 사전에 경고를 주는 몇 안 되는 자연재해 중 하나다. 과학자들은 태풍이 자주 발생하는 지역을 감시하고, 태풍이 만들어졌을 때 라디오와 방송국 등에 이 사실을 알린다. 태풍이 오는 길목에 있다면 반드시 살아남기 위한 준비가 필요하다.

2. 사는 지역을 떠나 대피하는 게 가장 좋은 방법이다. 집 주변에 느슨하게 묶인 물건들이 있다면 몽땅 치운다. 문과 창문을 잠근다. 가스 밸브를 잠그고 빨리 짐을 싸서 떠난다.

3. 만약 숨어서 지내야 한다면, 다음을 준비한다. 음식 및 구급 상자뿐만 아니라 라디오(전원 공급이 차단됐을 때를 대비해 배터리로 전원을 켤 수 있는 것으로 준비할 것)를 반드시 챙긴다.

4. 바람에 날아오는 물건들이 부딪힐 수 있으니, 합판으로 창문과 문을 막는다.

5. 물 공급이 차단될 경우를 대비해 물탱크와 컨테이너에 물을 채운다. 컨테이너가 없다면 욕조에 물을 채워도 된다. 그러나 욕조는 태풍이 지나는 동안 숨을 장소로 더 적당하므로 다른 쓸만한 용기를 찾아보자. 태풍이 지나갈 때는 욕조에 들어간 뒤 나무판을 이용해 위를 덮는다.

6. 태풍이 지나는 동안 창문과 문에서 멀리 떨어져 있고, 건물 내부의 사람들은 전부 한곳에 모여 있는 게 좋다. 방송이나 라디오를 통해 태풍에 대한 정보를 챙겨 듣는다.

7. 태풍이 완전히 떠날 때까지 절대 밖으로 나가지 않는다. 태풍이 끝난 것처럼 보여도 속지 말 것! 태풍이 다 지나간 게 아니라 고요한 태풍의 눈 속에 들어와 있는 것이며, 이제 겨우 태풍의 절반이 지나갔다는 뜻이다.

8. 태풍이 지나간 다음에는 여전히 화재, 나무 붕괴, 떨어지는 전선 등으로 생길 수 있는 위험이 남아 있으니 매우 조심히 밖에 나가야 한다.

땅이 말라간다

치명적인 가뭄 Dreadful Droughts

땅이 쩍쩍 갈라지고, 바짝바짝 마르는 가뭄은 기후가 평균보다 더 건조할 때 발생하는 기상 현상이다. 장마와 같은 계절 강우가 몇 개월, 때때로 몇 년 동안 내리지 않아 나타난다. 가뭄이 시작되면 강과 개울이 마르고, 댐에 갇힌 물이 증발하기 시작한다. 지하수도 부족해져 작물들도 말라간다. 급기야 인간, 식물, 동물 모두 생명을 유지하기 어려워진다. 다른 자연재해와 달리 가뭄은 매우 느리게 진행되기 때문에 처음과 끝을 알아내기 매우 어렵다.

주요 가뭄 지역

가뭄의 원인은 크게 차이가 있으므로 어디에서도 일어날 수 있지만, 대체로 강수량이 일정하지 않은 지역에서 일어날 가능성이 높다. 미국의 대초원지대, 아프리카의 사헬, 오스트레일리아는 세계적으로 가뭄으로 가장 큰 고통을 받는 지역이다.

무엇이 가뭄을 일으키나?

이미 앞에서 평소보다 강수량이 적을 때 가뭄이 발생한다고 언급했다. 여기 가뭄을 일으키는 몇 가지 이상한 기상 현상을 소개한다.

1. 엘니뇨 – 과학자들은 남반구에서 5~7년마다 태평양 날씨와 전혀 반대되는 기상 현상이 일어나는 것을 알아냈다. 이 기상 현상은 동태평양 바다 표면 온도가 바뀌면서 시작된다. 이 바다의 경고가 울리면 몇 년 동안 그 어떤 비도 내리지 않던 남아메리카 일부 지역에 폭풍과 폭우, 산사태가 일어난다. 그들이 장마를 치를 동안 태평양을 건너 오스트레일리아와 인도네시아의 일부 지역은 치명적인 가뭄과 맞닥뜨린다. 이 현상이 크리스마스 즈음에 시작하기 때문에, 아기 예수를 뜻하는 엘니뇨라 불린다.

2. ITCZ – ITCZ(Inter-Tropical Convergence Zone : 열대수렴대)는 열대 지역에서 표면 공기가 만나 상승하는 지역으로, 구름과 비, 열대성 저기압이 자주 생긴다. 한 해 동안 열대수렴대 지역의 위치는 적도 북쪽과 남쪽으로 움직이는 태양의 이동에 따라 달라진다. 만약 열대수렴대가 평소보다 북쪽이나 남쪽으로 충분히 이동하지 않으면, 더 넓은 지역, 특히 아프리카에는 평소보다 훨씬 적은 비가 내린다. 이 현상은 몇 년

에 걸쳐 일어날 수도 있다.

3. 중위도 저기압의 변화 – 영국의 한 해 총 강우량은 비와 구름을 만드는 저기압에 의해 결정된다. 만약 얼마 동안 이를 고기압이 대신한다면, 일반적으로 문제가 없던 지역에서도 가뭄이 나타난다. 고압권에서 생기는 하강 기류가 구름을 만들기 위해 상승할 수 없다는 뜻이다. 따라서 비가 없이 하늘이 맑고 화창한 날씨가 계속된다. 멀리 북쪽과 남쪽으로 비를 내리는 저기압 대신 고기압이 자리를 잡으면서 영국은 1980년대 후반과 1990년대 초반에 극심한 가뭄을 겪었다.

역사 속의 가뭄

가뭄은 성서 시대에서부터 전해지고 기록되어 왔다. 오래전에는 목숨을 잃을 정도로 심각한 가뭄이 몇 번 일어나기도 했다. 가장 최악의 가뭄 중 일부를 소개한다.

발생 연도	발생 지역	사망자 수
기원전 436년	이탈리아 로마	수천 명 추정
1586년	영국	수천 명 추정
610~1619년 이 시기에서 610년 동안 가뭄이 있었다.	중국의 대부분 지역	수백만 명 추정
1692~1694년	프랑스	200만 명
1708~1711년	동프로이센	25만 명
1890년대 연속해서 8년 동안 가뭄이 있었다.	인도	수백만 명 추정
1876~1879년	중국	900만~1,300만 명
1983~1985년	아프리카	50만 명

가뭄의 영향

수자원 부족 | 비가 내리지 않는 동시에 뜨거운 태양은 그나마 남아 있던 물을 증발시킨다. '엎친 데 덮친 격'이라는 옛 속담과 딱 맞아떨어지는 상황인 셈이다. 강의 수위는 점점 낮아지고, 지하수의 양도 줄어든다.

농작물 피해 | 토양의 수분이 증발하면, 농작물이 제때 물을 섭취할 수 없어 열매를 맺지 못할 수 있다.

기아 | 가뭄으로 흉년이 들면, 식량이 모자라 굶어 죽는 사람이 늘어난다.

가뭄을 피하는 방법

자연에는 비가 없이도 오랜 기간을 잘 견뎌내는 화려하고 특이한 외형의 몇몇 가뭄 저항 식물과 동물이 있다.

건생 식물 | 선인장은 대표적인 건생 식물이다. 선인장은 수분을 잃지 않으려고 표면을 왁스로 코팅하고 잎을 작은 바늘처럼 진화시켰다. 또한 지하 깊은 곳으로부터 물을 최대한 끌어올리기 위해 긴 뿌리를 가지고 있다.

내화성 식물 | 불에 잘 견디는 식물이다. 내화성 식물은 인간이 만들거나 자연적으로 발생한 어떤 불도 다 견딜 수 있다. 아프리카의 바오밥나무는 몸통에 많은 양의 물을 저장하고 있으며, 내화 껍질을 가지고 있다.

'사막의 배' | 낙타의 몸은 완벽하게 가뭄을 견디는

구조로 되어 있다. 두꺼운 피부는 실제로 뜨거운 태양 아래에서 차가움을 유지할 수 있도록 도와준다. 낙타의 혹에 물이 들어 있다는 얘기도 있지만, 실제로 그 안에는 지방이 저장되어 있으며 일종의 에너지 창고다.

함께 노력하면 가뭄을 물리칠 수 있다. 함께 살아남을 수 있는 간단한 해결책을 알아보자.

1. 물 사용량을 제한할 것 – 가뭄이 일어나는 동안에는 꼭 필요한 경우에만, 현명하게 물을 사용해야 한다. 욕조에 물을 받아 목욕하는 대신 샤워하는 것을 추천한다. (이렇게 하면 물을 2/3 정도 절약할 수 있다.)

2. 물을 모을 것 – 일반적으로 하수구로 흘러 들어가는 빗물을 모으고 재사용한다. 커다란 플라스틱 빗물받이 통은 철물점에서 구할 수 있다.

3. 절수 변기 – 기존의 것보다 훨씬 적은 물을 사용하는 절수 변기를 이용하는 방법도 있다.

4. 계량과 세금 – 뉴욕을 비롯한 많은 대도시가 최근 사람들의 물 사용을 줄이기 위해 사용량을 재고 세금을 물린다.

5. 호스 파이프 금지 – 가뭄이 진행되는 동안 여러 나라는 물을 아끼기 위해 정원의 스프링클러와 호스 파이프의 사용을 금지한다.

6. 녹색 정원사 – 몇몇 현명한 정원사는 가뭄 저항성 잔디와 식물을 정원에 심는다. 실제로 건생 식물들은 다른 종에 비해 적은 양의 물만 주어도 잘 자란다.

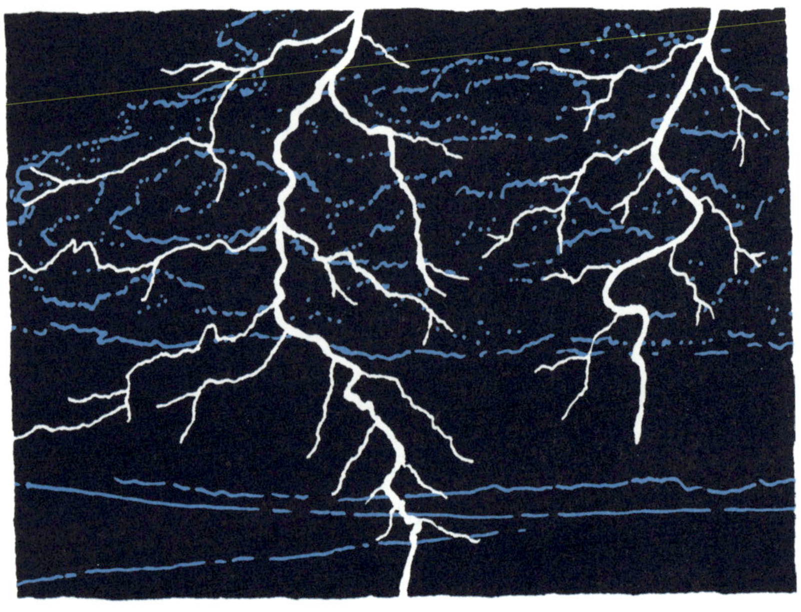

번쩍번쩍 찌릿찌릿
번개 Lightning Storms

비가 심하게 내릴 때 번쩍이는 섬광과 함께 엄청난 에너지를 내뿜는 번개 폭풍. 우리나라에서는 번개 때문에 발생하는 피해가 비교적 적은 편이라 번개에 대처하는 방법이 잘 알려지지 않았다. 그러나 미국은 1년 동안 허리케인이나 토네이도로 목숨을 잃은 사람의 수보다 번개나 번개 때문에 발생한 화재로 숨진 사람의 수가 더 많을 정도로 번개는 분명 우리의 목숨을 위협하는 자연재해 중 하나다.

번개는 따뜻하고 습한 공기가 차가운 공기와 만나면서 시작된다. 따뜻한 공기는 위로 올라가고, 거대하고 우뚝 솟은 구름을 만든다. 구름 속의 입자들이 서로 부딪히면서 얼음 결정은 전자를 잃어 양전하를 띠고, 물방울은 전자를 얻어 음전하를 띠는 정전기 현상이 일어난다. (옷에 풍선을 문지르면 정전기를 얻을 수 있다.) 이때 상대적으로 가벼운 얼음이 올라가면서 구름 위쪽은 양(+)극을 띠고, 무거운 물방울은 내려가면서 구름 아래쪽은 음(−)극을 띤다. 구름이 지상 가까이에 내려오면 구름과 마주 보는 땅이 자연스럽게 양(+)극을 띠면서 구름과 땅 사이에 끌어당기는 힘이 생긴다. 이 힘 때문에 구름의 전자가 순식간에 땅으로 내려갈 때 공기와 충돌하면서 내는 빛 에너지가 바로 번개다.

번개가 치면 순간적으로 엄청난 양의 전기가 흐르며, 그 온도는 수천에서 수만 도시(℃)에 이른다. 뜨거운 열로 번개 주변의 공기가 초음속으로 팽창해 충격파를 일으키고, '두둥', '우르르 쾅'하는 천둥소리가 난다.

무엇을 해야 하는가!

벼락에 맞는 것은 생명을 위협하는 아주 불쾌한 경험일 수 있다. 번개는 자연에서 가장 강한 힘 중 하나며, 우리는 아마 수백만 볼트의 전기 단 한 방에 제압될 것이다.

심지어 번개가 우리를 직접 공격하지 않더라도, 번개가 일으킨 화재로 위협당할 수도 있다. 만약 다가오는 폭풍에 대한 그 어떤 경고도 듣지 못했다면, 반드시 멀리 관찰하고, 폭풍이 다가오면서 치는 천둥소리에 귀를 기울여야 한다.

1. 가능하면 최대한 빨리 실내로 들어가 천둥소리에 귀 기울일 것. 번개는 폭풍으로부터 16km 떨어진 곳에서도 칠 수 있다.

2. 일단 실내에 있다면, 모든 전자 제품을 반드시 피해야 한다. 컴퓨터와 전화는 전선과 직접 연결되어 있다는 것을 잊지 말자. 번개가 전선을 타고 이동해 감전될 수 있다.

3. 밖에 있다면 옷이 목숨을 구할 수도 있다. 고무 밑창이 달린 구두는 감전을 막아준다.

4. 쉽게 감전될 수 있는 나무나 전선에서 멀리 떨어져 있어야 한다.

5. 금속으로 된 제품은 모두 몸에서 벗어야 한다. 벨트나 열쇠 같은 것도 전부 해당된다. 번개가 치면 금속 제품이 매우 뜨거워지면서 심각한 화상을 입을 수도 있다.

6. 폭풍이 통과하면, 다리를 당겨 가슴에 붙이고 가능한 한 몸집을 작게 한다. 이렇게 덩치를 줄이면 벼락에 맞을 가능성을 줄일 수 있다.

• 상식이 톡톡!

• 번개의 폭은 5cm도 채 되지 않지만, 태양의 표면보다 더 뜨겁다.

• 세계에서 번개가 가장 많이 치는 곳은 미국 플로리다 주다. 3~4일에 한 번꼴로 번개가 치는 걸 볼 수 있다.

• 벼락에 맞으면 그 중 일부는 목숨을 잃지만, 다수는 살아남는다. 그러나 이들은 심각한 후유증으로 고통을 받는다.

정전기 만들기

정전기를 만드는 방법은 간단하다. 우스꽝스런 헤어스타일을 감당
할 용기만 있다면!

준비물
누군가의 머리(정확하게 머리카락), 울 양말이나 스웨터, 풍선 두 개

실험 방법

1. 풍선을 모두 분 다음 양말이나 스웨터 같은 울 소재 옷감에 문지
   른다. 그 다음 풍선을 서로 가까이 댄 후 힘이 어떻게 작용하는지 느껴보자.

2. 풍선 한 개를 머리카락에 대고 앞뒤로 문지른다. 머리카락이 길수록 최상의
   결과를 얻을 수 있다. 이제 천천히 풍선을 머리카락에서 뗀다. 머리가 엉망이
   지? 하하!

과학이 톡톡!

풍선을 이용한 이 실험은 울 소재에 문지른 풍선들이 모두 음전하를 띠기 때
문에 발생한다. 똑같이 음전하를 띠고 있어 서로 밀어내는 것이다. 풍선을 울
섬유나 머리카락에 문지르면 전기를 만들 수 있는데, 이를 정전기라 부른다.
정전기는 전자가 양전하를 띤 물질로 이동하면서 생긴다. 풍선을 누군가의 머
리카락이나 울 소재의 옷감에 문지르면 전자를 얻으면서 풍선은 음전하를 띠
게 된다.

입안의 불빛 만들기

몇 개의 사탕과 튼튼한 치아를 이용하면 집에서도 번개를 만들 수 있다. 이 실험을
통해 빛이 어떻게 번쩍이는지 관찰할 수 있다.

준비물

폴로 박하사탕 1팩(Wint-O-Green Life Savers mints를 이용하면 더 쉽게 관찰할 수 있다.),
어두운 장소(실내나 실외 어디든 상관없다.), 입(튼튼한 이는 필수!), 손거울

실험 방법

1. 준비한 사탕을 가지고 어두운 곳으로 간
   다. (야외에서는 달빛조차 있으면 안 될 정도로 어
   두워야 한다.)

2. 눈이 완전히 어둠에 적응하도록 몇 분
   기다린다.

3. 한 손으로 사탕 몇 개를 꺼내 입안에 넣
   는다. 다른 한 손으로 손거울을 들어 입을 비춘다.

4. 이제 단단한 치아로 가차 없이 사탕을 깨문다. 사탕을 씹으면서 어떤 일이 일어
   나는지 거울을 통해 확인한다.

테이프 손전등 만들기

사탕이 아닌 포장용 테이프로도 빛을 밝힐 수 있다. 이건 더 간단하다. 한번 도전해 볼까? 아마도 깜짝 놀랄 것이다.

준비물
포장용 테이프, 어두운 장소

실험 방법

1. 포장용 테이프를 30cm 길이로 두 개 자른다.

2. 나중에 뗄 수 있도록 끝 부분 3cm 정도만 남긴 채, 겹쳐 붙인다.

3. 붙인 테이프를 어두운 곳으로 가지고 간 다음 눈이 어둠에 적응하도록 몇 분 기다린다.

4. 있는 힘껏 테이프를 뗀다. 어떤 일이 일어나는지 관찰하자.

과학이 톡톡!

이 실험은 직접 눈으로 확인하고도 도저히 믿을 수 없는 광경을 선물한다. 사탕의 주요 성분 중 하나는 동록유(살리실산 메틸, 노루발풀 잎에서 추출한 향유)이고 다른 하나는 당(설탕)이다. 사탕이 깨지면서 생긴 전하가 방전되면서 빛을 내는 것이다. 테이프를 뗄 때의 반응도 마찬가지. 테이프를 만들 때 쓰는 접착 재료가 으깨질 때 결정이 깨지면서 같은 원리로 빛이 난다. 과학자들은 이것을 마찰광(triboluminescence)이라고 부르며, 무언가를(고체) 조각내거나 찢거나 문지르거나 빻을 때 생기는 빛을 가리킨다.

강물이 넘쳐 흐른다

홍수 Flash Floods

지난 150년 동안, 500만 명 이상이 홍수로 목숨을 잃었다. 홍수의 피해 가능성은 사는 곳에 따라 좌우된다. 역사적으로 지구 상에서 홍수가 제일 빈번하게 발생하는 지역은 중국이다. 장차 지구 온난화는 더 많은 사람이 홍수로 피해를 당할 것을 예고하고 있다. 사람들은 더 넓은 땅에 콘크리트를 덧씌우고, 나무를 자른다. 이 때문에 물은 땅으로 스며들어 가는 것보다 더 빨리 강으로 향하고 만다. 만약 기후가 따뜻해지면 북극의 얼음이 녹고, 해수면이 높아지며, 더 넓고 많은 지역이 홍수로 피해를 볼 것이다.

홍수는 왜 위험한가?

잠시 텔레비전에서 본 홍수가 일어난 대표적인 장면들을 떠올려 보자. 이런 끔찍한 자연재해는 매우 치명적이다. 강력한 홍수가 바위와 나무에서 차와 집까지, 거리의 모든 것을 쓸어버릴 것이다. 역겨운 냄새가 나는 물이 빌딩 안을 휩쓸고 지나간다. 도로나 농작물, 전선까지 주변의 모든 것이 파괴될 수 있다. 물이 넘쳐나지만 정작 마실 수 있는 물은 없다. 대부분이 하수로 오염된 탓이다. 살아남으려면 음식과 깨끗한 물을 구해야만 한다. (그것도 홍수가 일어나지 않은 안전한 곳으로 갈 수 있는 상황에서나 가능한 일이다.) 지역을 복구하고 침수된 물이 빠지기까지 몇 달 또는 몇 년이 걸릴 수도 있다.

• 상식이 톡톡!

홍수는 지구 상에서 가장 일반적인 재해다. 그 어떤 자연재해보다 더 많은 인명 피해와 부상의 원인이 되며 경제와 사회적인 문제를 일으킨다.

서바이벌 팁

홍수는 규모가 크지만 일시적이며, 강을 따라 흐르는 물의 양이 증가하는 현상이다.

1. 홍수가 나면 물이 순식간에 넘치는 점을 고려할 때, 경고 시간과 대비할 시간은 매우 짧다.

2. 대부분 자연재해와 마찬가지로, 홍수가 나면 높은 지대를 향해 재빨리 이동해야 한다.

3. 자동차 안에 있을 경우 : 차에서 얼른 내려야 한다. 적은 양의 물이

라도 위험에 빠뜨릴 수 있으며, 차
안에 머물 경우 떠내려갈 가능
성이 높아진다.

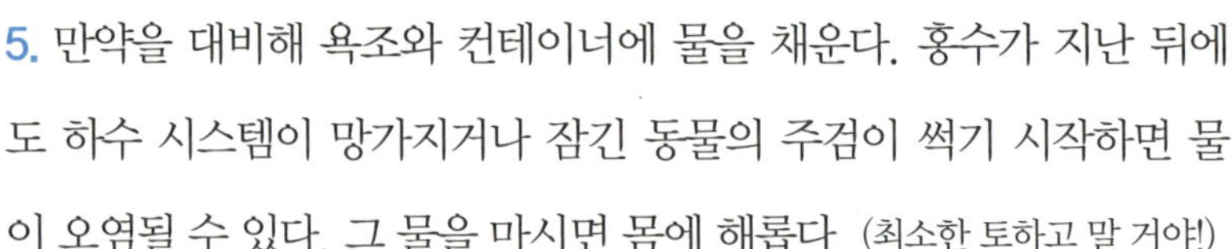

4. 실내나 실외에서 모두, 쓰
러진 전선이나 전자 제품으로
인한 감전을 조심해야 한다.

5. 만약을 대비해 욕조와 컨테이너에 물을 채운다. 홍수가 지난 뒤에
도 하수 시스템이 망가지거나 잠긴 동물의 주검이 썩기 시작하면 물
이 오염될 수 있다. 그 물을 마시면 몸에 해롭다. (최소한 토하고 말 거야!)

휘어지는 물줄기

이 멋지고 간단한 실험에서 우리는 물을 이용해 정전기의 힘을 확인할 수 있다. 간단한 원리로 작동되는 정전기 실험에 도전해 보자. 준비물도 간단하다!

준비물

누군가의 머리(정확하게 머리카락),

물이 나오는 수도꼭지, 풍선

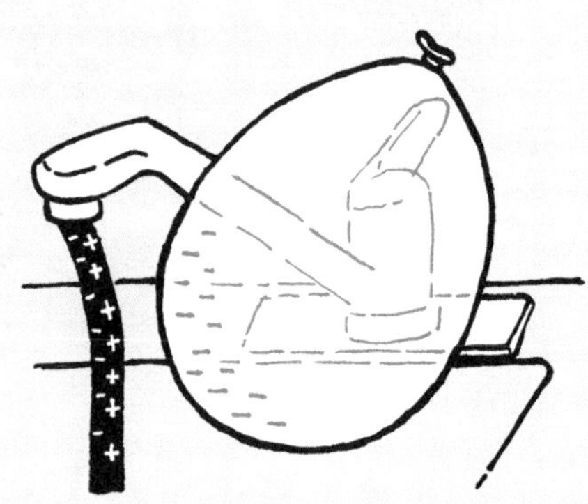

실험 방법

1. 부엌이나 화장실을 찾아 수도꼭지를 돌려
   물을 튼다. 실험의 성공 열쇠는 물이 '콸콸'
   이 아닌 '졸졸' 흐르도록(그러나 물줄기가 끊어지지 않게) 수도꼭지를 조절하는 것이다.

2. 풍선을 불어 머리카락에 대고 10~12번 정도 세게 문지른다.

3. 이제 풍선을 물줄기 가까이 대 보자. 매우 가까워졌을 때 물줄기와 닿지 않도록
   주의하자. 어떤 일이 일어나는가?

과학이 톡톡!

풍선을 머리에 대고 빠르게 문지르면 정전기가 생긴다. 이 정전기는 실제로
물 분자에 작용해 물줄기를 당긴다. 이 때문에 물줄기가 휘어지는 것. 풍선을
문지르는 동안 전자가 머리카락에서 풍선으로 이동해 풍선은 음전하를 띤다.
물은 양전하와 음전하(전자)를 모두 가지고 있어서 어떤 것에도 끌린다. 따라서
풍선을 물줄기에 가까이 가져다 대면 물의 양전하 입자가 풍선 쪽으로 향하면
서 물줄기가 휘어진다. 휘어지는 물 만들기 성공!

난폭한 화염

산불 Wildfires

산불은 산에서 발생한 불을 가리킨다. 그것도 아주 거침없이. 산불은 파괴적이고 예측할 수 없으므로 인간과 자연 모두에게 치명적이다.

산불의 재료

산불은 식물과 야생, 인간을 모조리 죽이면서 매우 빠른 속도로 이동할 수 있다. 부엽토(풀이나 나뭇잎 등이 썩어서 된 흙), 풀, 나무 등을 태워 산불이 지나는 길에 있던 모든 것을 파괴한다. 몇몇 과학자들은 산불이 일어났을 때 땅의 온도가 1,000℃가 넘는다고 기록했다. 화산이 폭발했을 때 나오는 용암보다 더 뜨거운 셈이다.

산불이 일어나는 완벽한 공식은 다음과 같다.

건조한 식물+건조한 공기+바람=산불

어떻게 크고 치명적인 산불이 되는지는 당시의 기후와 식물의 종류(만약 건조하다면 산불의 연료가 될 것이다), 그리고 엔진 역할을 하는 바람의 세기와 방향에 달려 있다. 가장 규모가 컸던 산불은 대부분 습도가 낮아 건조하고 바람이 부는 날씨(과학자들은 건조 공기라고 말한다.)에 일어난 것으로 기록되었다. 바람은 불꽃을 튀기고, 새로운 식물에 불씨를 떨어뜨리면서 산불을 몰고 간다. 휘몰아치는 바람과 산불의 오염 물질들이 섞인 소용돌이 때문에 산불을 추적하는 일은 매우 어렵다.

세계 산불 기록

- 오스트레일리아에서는 매년 1만 5,000건 이상의 산불이 발생한다. 하루에 평균 40건 이상으로 불이 나는 셈이다.
- 1998년 6월과 7월에 미국 플로리다에 일어난 산불을 진압하는 데에는 5,000명 이상의 소방관이 필요했다. 많은 소방관이 사고 현장에 가기 위해 미국 전역에서 비행기를 타야 했다.
- 1997년 9월과 1998년 4월 사이 인도네시아를 가로질러 급속히 번진 거대한 불길은 3,004km^2(사모아 섬 전체 넓이보다 크다.) 이상의 숲을 파괴했으며, 5만 명 이상이 화재 연기를 마셔 치료를 받아야 했다. 공기 오염은 네 번이나 '위험' 수준에 도달했다.
- 몇몇 국가에서 산불은 농민들의 주요 관심사다. 미국에서는 가축과

작물, 목재 벨트를 위협하는 화재를 막고 진압하는 데 하루에 110억 원 이상의 금액을 사용하고 있다.

• 오스트레일리아의 가장 끔찍한 화재 중 하나는 1983년 2월 16일에 일어났다. 어린아이 72명이 목숨을 잃었으며, 8,000명이 집을 잃었다.

• 2007년 그리스에서는 3,000여 건의 산불이 산발적으로 발생했으며, 그리스 국토의 절반 가까이가 불에 탔다.

산불은 이롭다?

사람들은 대부분 산불에 대해 잘 알지 못하고, 이해하려고도 하지 않는다. 언론 또한 종종 부정적이고 나쁜 영향을 끼친다고 결론짓지만, 오히려 산불은 일부 생태계에서 자연스러운 과정이고, 필수적일 수도, 때때로 이익이 될 수도 있다. 산불은 번개 때문에 자연적으로 시작될 수도 있다.

또한 초기 농부들은 작물을 심고, 기르고, 재배한 이후 일부러 산불을 퍼뜨리기도 했다. 남유럽과 아프리카 사바나 초원에서 산불은 자연 생태계와 인간의 농업 기술과 큰 연관이 있다. 산불의 몇 가지 이로운 점은 다음과 같다.

• 몇몇 식물 종의 씨는 발아하기 위해 반드시 불이 필요하다. 오스트레일리아의 반크시아 (Banksia)가 대표적인 예다.

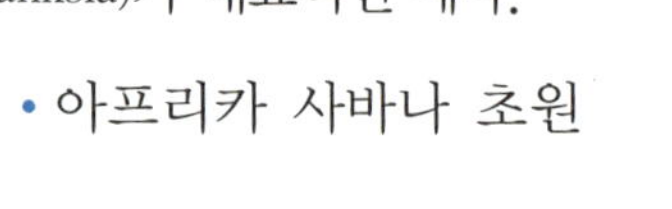

• 아프리카 사바나 초원

지대의 농부들은 농지에 일부러 불을 낸다. 남아 있는 재의 영양분이 토양으로 되돌아가 다음 해의 수확량을 높이는 데 도움을 주기 때문이다.

- 몇몇 식물종은 산불을 이용해 경쟁 상대를 제거하고 번성한다.
- 다른 종들은 내화 껍질과 같은 불에 잘 견디는 물질을 개발함으로써 화재에 무사하도록 진화했다.

산불의 피해

산불은 광범위하게 피해를 준다. 만약 화염 근처에 있다면 누구든 느낄 수 있을 것이다. 화염이 매우 높이 치솟을 수 있고, 호흡이 어려워지며, 건조한 나무는 부서진다. 격렬한 불꽃들은 귀가 먹먹할 정도로 성난 소리를 내고, 뜨거운 화염의 열기는 말할 것도 없다. 다음의 몇 가지 피해 상황들을 짚어 보자.

유독 가스 공해 | 난폭한 화재로 많은 양의 연기와 그을음, 먼지가 생긴다. 1997년부터 1998년까지 인도네시아의 대형 화재가 만든 연기 구름은 동남아시아를 가로질러 동쪽에서 서쪽까지 3,000km 정도 퍼졌으며, 이는 기상 변화에도 영향을 주었다.

야생 생물의 죽음 | 해마다 산불로 많은 동물들이 죽는다. 2009년, 오스트레일리아 빅토리아 지역을 강타한 대형 화재로 캥거루, 코알라, 도마뱀과 새를 포함한 수백만 마리의 동물이 죽었다. 특히 캥거루는 자신의 영토를 지키려는

본능이 있어 피해가 더욱 컸다. 불이 꺼지면 재빨리 본래의 서식지로 되돌아오기 때문에 많은 수의 캥거루가 발에 화상을 입고 고통받는다.

생명과 재산의 피해 | 자연재해를 예상할 수 있을 정도로 인류는 발전했지만, 불행하게도 몇몇 화재는 빠르게 번져 사람들을 가두거나 탈출 경로를 막는다. 또한 몇몇 주요 도시는 현재 화재 위험 지역까지 크기를 키우고 있다. 로스앤젤레스와 시드니는 화재와 싸우고 손실을 복구하는 데 해마다 수천억 원 이상 쓴다.

토양의 손상 | 불이 난 곳은 어디든 그 온도가 600℃에서 1,000℃에 이르며, 이 때문에 토양은 제 역할을 하지 못한다. 결론적으로 산불은 토양을 훼손해 식물과 동물, 인간에게 큰 피해를 준다.

서바이벌 팁

1. 만약에 대비해 '방어 공간(불이 났을 때를 대비해 피할 수 있는 공간)'을 준비한다. 만약 집에 있다면 방어 공간은 산불의 위험을 줄여줄 수 있다. 근처에 있는 나뭇가지나 잎과 같은 가연성 물질을 제거하면, 화재의 위험을 훨씬 줄일 수 있다.

2. 상황에 대한 최신 뉴스를 들을 수 있도록 라디오와 텔레비전을 챙긴다.

3. LPG 가스처럼 화재를 키우는 요소들은 모두 차단한다.

4. 산불이 이미 시작되었다면 차를 이용하는 건 반드시 피해야 한다. 그런 위험을 감수하기에 산불은 예측할 수 없으며 치명적이다.

5. 밖에 있다면 옷을 이용해 몸을 보호한다. 긴 팔과 긴 바지가 가장 적합하다. 매연 속에서 숨을 쉬기 위해서는 손수건이나 스카프를 사

용한다.

6. 산불보다 높은 지대로 가지 않는다.

7. 산불은 바람이 부는 쪽으로 번진다. 따라서 산불을 피해 달아날 때는 바람의 방향을 고려해야 한다.

8. 사방으로 불길이 둘러싸인 최악의 상황이 현실로 나타날지라도 침착하게 주위를 살핀 뒤 불길이 가장 약한 곳으로 이동해야 한다. 이미 불에 다 타버린 곳이나 탈 물질이 없는 곳, 도로, 바위 위로 대피하는 게 안전하다.

9. 만약 불길을 피할 시간이 없다면 땅에서 움푹 패인 공간이나 도랑을 찾는다. 풀이나 나뭇잎 등 주변의 모든 가연성 물질을 없앤 다음, 무릎을 꿇고 손으로 얼굴을 가린 채 엎드린다.

• 상식이 톡톡!

때때로 불을 끄기 위해서 맞불을 놓기도 한다. 탈 물질을 미리 없애면 되기 때문이다. 그러나 이는 드넓은 평야에서만 가능할 뿐이다. 국토의 2/3가 산림으로 이루어진 우리나라는 오히려 맞불이 불씨가 되어 산불이 더 번질 수도 있다.

일부 국가는 산불로부터 특별한 나무를 보호하기 위한 비밀 정책을 쓰기도 한다. 오스트레일리아에서 울레미 소나무의 위치는 비밀이다. 울레미 소나무(Wollemi Pine Tree)는 1994년 오스트레일리아 시드니 북서쪽 150km 떨어진 곳에서 발견되었다. 발견 당시 주변에 100여 그루의 다 자란 나무들과 어린나무들이 자라고 있었는데, 조사 결과 이 나무는 화석을 통해서만 알려져 있던(6억 5,000만 년 전에 멸종한 것으로 알려진) 쥐라기 시대의 식물이었다.

울레미 소나무의 발견은 공룡 화석을 발견한 것 이상으로 중요한 발견으로 여겨진다. 오스트레일리아 정부는 100여 그루의 울레미 소나무 군락을 보호하기 위해 그 장소를 비밀로 유지하고 있으며, 주변은 삼엄한 보호를 받고 있다. 울레미 소나무를 연구하고자 하는 과학자들은 이 나무가 있는 곳까지 눈을 가린 채 이동해야 한다.

불에 강한 풍선

풍선은 재밌는 놀잇감 중 하나다. 핀으로 터뜨릴 수 있고, 발로 밟거나 물을 채울 수도 있다. 풍선은 고무로 섬세하게 만들어져 잘 터지지만, 이 실험에서는 불에 갖다 대도 끄떡없다. 약간의 기술과 대담함만 있다면 실험은 이미 성공한 거나 마찬가지!

준비물
성냥(반드시 어른의 도움을 받을 것), 물 한 잔, 똑같은 크기의 풍선 두 개

실험 방법
1. 첫 번째 풍선을 분 다음 끝을 묶는다.
2. 두 번째 풍선 안에 물 반 컵을 부은 다음, 풍선을 불어 끝을 묶는다.
3. 조심조심 성냥을 켠 뒤 첫 번째 풍선을 불꽃에 가까이 갖다 댄다. 무슨 일이 일어날까?
4. 물이 들어 있는 두 번째 풍선을 불꽃에 가까이 가져가 보자. 이 풍선은 터지지 않는다. 심지어 불꽃이 닿아 검게 그을렸는데도 말이다.

과학이 톡톡!

이 실험을 통해 우리는 공기와 물이 서로 다른 속도로 열을 흡수한다는 걸 알 수 있다. 공기가 들어 있는 일반 풍선은 매우 빨리 열이 전달되어 금방 터지지만, 풍선 안에 들어 있는 물은 온도가 올라가지 않은 채 열을 흡수한다. 덕분에 풍선이 손상되거나 터지지 않는다.

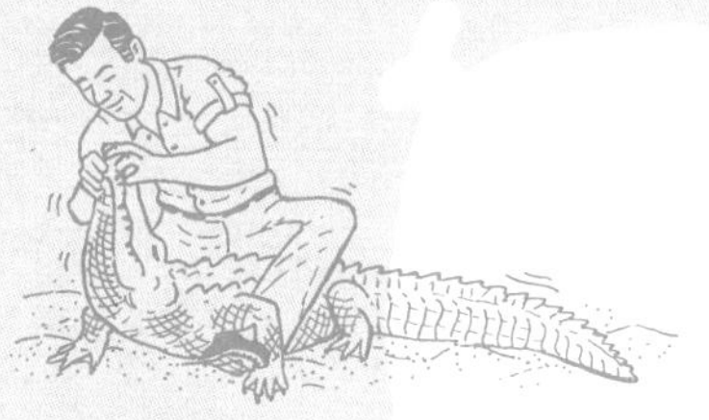

3

끔찍한 야수
Dreadful Beast

리틀 프랑켄슈타인

살인벌 Killer Bees

'벌에게 쏘이면 엄청나게 아플 거야. 그렇다고 죽기야 하겠어?'

이런 어리석은 생각을 하고 있다면, 그건 악명높은 '살인벌'을 모르기 때문일 것이다. 벌통 옆을 기웃거리는 동물은 가리지 않고 떼로 공격하는 무자비함은 기본이요, 이미 1,000여 명의 목숨을 빼앗고 10만여 마리의 소를 죽음으로 몰고 간 잔인함까지 갖춘 살인벌은 현재 브라질, 미국 등지에서 공포의 대상으로 꼽힌다.

'아프리카 꿀벌(Africanized honey bees)'이라고도 불리는 살인벌이 탄생하게 된 것은 브라질의 한 양봉 연구가(정확하게 유전학자)의 실수로 생긴 사고 때문이다. 1965년 당시 브라질 정부는 재래종 꿀벌의 품종을 개량

하기 위한 연구를 진행했다. 아프리카에서 특별히 꿀을 많이 생산한다
는 여러 품종을 들여와 시범적으로 기르기 시작한 것이다. 이 연구는 브
라질 상파울루 외곽의 한 실험 농장에서 아프리카 꿀벌들을 격리한 상태
로 진행됐는데, 연구 결과는 기대 이상이었다. 아프리카 꿀벌은 유럽 꿀
벌보다 열대 기후에 더 잘 적응했고, 생산하는 꿀의 양도 훨씬 많았다.
그러던 중 예기치 못한 사고가 발생했다. 유럽 꿀벌과 이종 교배로 생긴
탄자니아 여왕벌 26마리가 사육장을 탈출했고, 주변에 살던 재래종과
자연 교배하는 과정에서 엄청난 공포의 대상인 살인벌이 세상에 등장하
게 되었다.

살인벌이 치명적인 이유는 일반 꿀벌보다 독이 강해서가 아니다. 혼
자가 아닌 무리지어 공격하는 본능 때문이다. 일반 사람들이 벌에 쏘였
을 때 독의 허용량은 평균적으로 300마리 정도. 그러나 살인벌은 8,000
마리 이상이 한꺼번에 공격하기도 한다. 너무 많은 양의 독이 체내에 쌓
여 목숨을 잃는 것이다. 실제로 1980년대 미국의 한 대학원생은 코스타
리카 정글에서 1만 마리의 살인벌 공격을 받아 목숨을 잃기도 했다.

문제는 신경질적인 성격

살인벌이 이토록 공격적인 이유는 벌집을 보호하려는 본능이 일반 꿀
벌보다 강하기 때문으로 보인다. 살인벌은 언제 들이닥칠지 모를 적의
공격에 과도하게 경계 태세를 유지하는 성향이 있으며, 과학자들은 이
를 '하이퍼-방어'라고 부른다. 실제로 매우 신경질적인 성격을 가진 꿀벌
이라고 여기면 될 듯하다.

살인벌은 군집 중에서 벌집을 지키는 '경비벌'의 비율이 높고, 이 경비

벌들은 항상 공격 태세를 유지하고 있다. 또한 더 자주, 더 많이 무리지어 다니기 때문에 위험하다. 공격적인 성향이 있는 살인벌떼의 이동은 결국 인간의 목숨을 앗아가는 치명적인 결과를 가져오기도 한다.

서바이벌 팁

1. 만약 살인벌에게 쫓기고 있다면, 가장 좋은 방법은 재빨리 도망치는 것이다. 처음 200m를 어떻게 달리느냐에 목숨이 달려 있다. 그 이후로는 쫓아오는 벌떼의 개체 수가 점점 줄기 시작할 것이다.

2. 도망치는 동안 눈과 코, 입을 가려야 한다. 살인벌은 얼굴을 공격하는 게 치명적이라고 생각하고 있다. (실제로 얼굴 부위에 쏘였을 때의 통증은 몸을 쏘였을 때보다 더 심하다.) 이럴 때는 앞을 볼 수 있는 공간만 남겨둔 채로 손으로 얼굴을 가려 임시 '방패'를 만든다. 살인벌이 쫓아오는 동안에도 도망칠 시야를 확보하고 숨을 쉴 수 있으니, 문제가 될 건 없다! 비록 몸에 수십 방 쏘였다고 해도 치료하는 일은 그리 어렵지 않을 것이다.

3. 물에 들어가거나 수풀 안으로 숨는 일은 살인벌에 목숨을 내놓는 꼴이다. 한 번 화가 난 살인벌은 눈을 부릅뜨고 주변 지역을 몇 시간 동안 순찰하기 때문에, 만약 여분의 갑옷이나 산소 탱크를 가지고 있

지 않다면 그런 무모한 짓은 절대로 하지 말자!

4. 이상하게도 살인벌떼는 멀리 떨어진 시골의 외곽 지역이 아닌 도시에 더 자주 출몰한다. 사람들이 만든 화단이나 물웅덩이는 이 유전자 조작으로 탄생한 작은 프랑켄슈타인에게 더 없이 매력적인 장소라는 걸 명심하자.

5. 알레르기 반응이 없는 어른은 벌에 300~400번까지 쏘여도 끄떡없다. 아야!

말벌과 꿀벌의 독은 서로 다르다

꿀벌과 말벌의 독침은 매우 다르다. 말벌의 독침은 알칼리성이거나 염기성이다. 이 독침은 식초나 레몬주스와 같은 산성 물질로 독을 중화시켜야 하지만, 꿀벌의 독침은 정 반대다. 꿀벌의 독침은 산성을 띠고 있기 때문에 이를 중화시킬 소다(중탄산염)와 같은 알칼리성 물질이 필요하다. 다음의 실험을 통해 집에서 산성과 염기성 물질을 구분하는 방법을 알아보자.

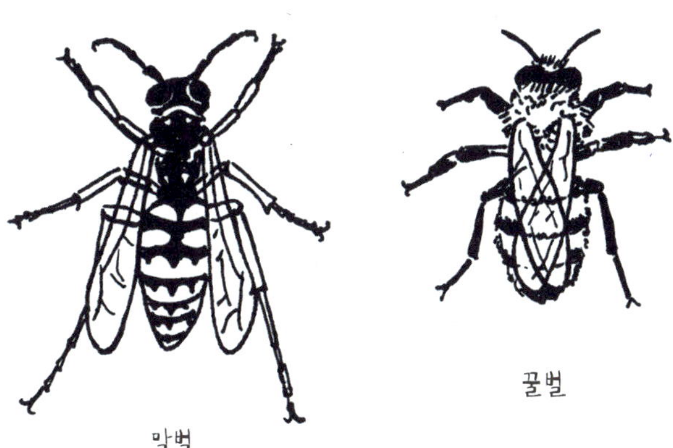

색색의 거품 만들기

집에서 흔히 사용하는 주방용품과 적양배추로 산과 염기를 구분해 보자. 매일 사용하고 매일 먹는 몇 가지만 있으면 나만의 실험을 수행할 수 있다. 아, 따라 하기만 하면 색색의 거품도 만들 수 있다는 사실!

준비물

유리 컵 한 개, 접시 한 개, 식초, 베이킹 소다,

적양배추 피클(적양배추를 물과 설탕, 식초에 절인 것)

실험 방법

1. 적양배추 피클의 뚜껑을 열고 안의 국물을 유리 컵에 붓는다.

2. 유리 컵의 적양배추 피클 국물을 접시 위에 몇 방울 떨어뜨린다.

3. 적양배추 피클 국물에 베이킹 소다를 조금 떨어뜨리고 어떤 일이 일어나는지 지켜보자. (붉은색 주스+흰색 베이킹 소다=초록색 거품)

4. 초록색 거품에 식초를 몇 방울 떨어뜨리면 어떤 일이 일어나는지 관찰하자. (분홍색 거품)

5. 집안의 여러 재료를 이용해 다른 실험 결과를 얻을 수 있다.

과학이 톡톡!

적양배추에 들어 있는 천연 색소(안토시아닌)는 산성 물질을 구분하는 지시약으로 이용할 수 있다. 다른 물질과 접촉했을 때 색이 변하기 때문이다. 산성인 식초와 만나면 붉은색, 염기성인 베이킹 소다와 만나면 초록색으로 변한다. 따라서 초록색 거품에 식초를 몇 방울 떨어뜨리면 분홍색이 된다.

그렇다면 적양배추 피클 국물에 베이킹 소다를 넣었을 때 왜 거품이 생길까? 이는 적양배추 피클 국물(적양배추 피클을 만들 때는 식초를 넣는다.) 안에 들어 있는 아세트산이 베이킹 소다의 탄산수소나트륨과 반응하면서 이산화탄소가 생겼기 때문이다. 꼭 식초의 아세트산이 아니더라도 산성 물질은 탄산수소나트륨과 반응해 이산화탄소를 만든다. 콜라(탄산), 귤이나 레몬 즙(시트르산), 염산도 가능하다.

장미꽃 리트머스지 만들기

아름다운 장미꽃을 이용하면 산성과 염기성을 구별하는 리트머스지를 만들 수 있다.

준비물

장미 꽃잎, 절구와 절구통(막자와 막자사발), 에탄올, 거즈, 유리컵 한 개,

작은 접시 세 개, 식초, 비눗물, 거름종이

실험 방법

1. 장미 꽃잎을 절구에 넣고 잘게 빻는다.

2. 빻은 장미 꽃잎과 에탄올을 잘 섞는다.

3. 2를 거즈에 넣어 즙만 걸러내 유리 컵에 담는다. (즙을 이용하니 절대 버리지 말 것)

4. 거름종이를 리트머스지 크기로 두 장 자른다.

5. 자른 거름종이를 접시 위에 놓는다. 유리 컵에 담긴 장미꽃 즙을 뿌려 거름종이를 적신다.

6. 적신 거름종이를 말리면 장미꽃 리트머스지 완성!

7. 각각의 접시에 비눗물과 식초를 담고, 만든 리트머스지를 대 보자. 어떤 색으로 변하는가?

과학이 톡톡!

장미 꽃잎에는 적양배추와 마찬가지로 안토시아닌이 들어 있다. 따라서 안토시아닌으로 거름종이를 물들인 다음 이를 말리면 산과 염기를 구별하는 리트머스지를 만들 수 있다. 장미꽃 리트머스지는 식초(산성)를 만나면 붉게, 비눗물(염기성)을 만나면 푸르게 변한다.

아름답지만 치명적인
해파리의 공격 Jellyfish Attacks

상자해파리(종 해파리, 해양의 침, 바다의 말벌이라고 불리기도 함)는 지구 상에서 가장 치명적인 생물 중 하나다. 반투명한 몸에 우아한 움직임만 보면 얼마나 해로운지 짐작조차 할 수 없겠지만, 이 작은 생물은 불과 4분 만에 사람의 목숨을 빼앗을 수 있다.

어떻게 공격하나?

상자해파리는 셀 수 없이 많은 촉수를 통해 독을 쏜다. (몸 길이가 3m 이상이면 눈에 보이지 않는 촉수를 50개 이상 가지고 있다.) 상자해파리가 독을 쏘는 건 먹잇감을 죽이기 위해서라기보다 자신의 몸을 보호하기 위해서

다. 상자해파리의 몸은 너무나도 섬세해서(사실 젤리
로 만들어진 덩어리에 불과하다.) 공격을 막으려는 먹잇
감의 반격에 쉽게 해를 입거나 죽을 수 있다. 결국
단번에 먹잇감을 제압하기 위해 지구에서 가장 독
성이 강하고 치명적인 화학 무기를 갖게 된 것. 이
강력한 독소 덕분에 상자해파리는 먹이를 즉시 죽이
고 모든 전력을 무력화시킬 수 있다. 각 촉수는 수
천 개의 작은 침세포(자포)를 가지고 있으며, 침세
포는 물고기나 다른 적, 사람 몸에 닿자마자 자
동으로 화학 반응이 일어나면서 작동한다.

● 상식이 톡톡!

- '상자'나 '종' 해파리의 이름은 모두 생김새에서 따왔다.

- 과학자들은 해파리 한 팩에는 성인 60명을 죽일 수 있을 만큼의 독이 들어 있는
것으로 추측한다.

- 지금까지 100명 이상이 상자해파리 때문에 목숨을 잃었다.

- 상자해파리의 독에 쏘인 피부는 검게 변하고 흉터가 남기도 한다.

- 지금까지 발견된 해파리의 종류는 350여 종에 이르며 31종이 우리나라 근해에
서식하고 있다. 이중 독성이 강한 것으로는 노무라입깃해파리, 작은부레관해파리
등 6~7종이 있다.

- 해파리는 해수욕장에서 목숨을 위협할 뿐만 아니라 고기를 잡는 어부들에게도
큰 골칫거리다. 고기를 잡기 위해 쳐 놓은 그물을 망가뜨리는 것은 물론 그물에 걸
린 고기를 독침으로 쏴 죽이기도 한다.

해파리는 몸의 95% 이상이 수분으로 되어 있다. 촉수에 자포라는 작살 모양의 독을 가진 침세포가 있어 '자포동물'로 분류한다. 항문이 없으며, 종류에 따라 입이 없는 종도 있다. 대부분 동물성 플랑크톤이나 어류의 알을 먹지만 종에 따라 작은 물고기를 먹는 것도 있다.

서바이벌 팁

만약 남자라면 상자해파리의 독을 피하기 위해서는 중요한 선택의 기로에 놓이게 될 것이다. 모양이 조금 우스꽝스러워도 목숨을 구할 보호복을 입을 것이냐, 아니면 모든 걸 버리고 남자다움을 택할 것이냐. 선택은 자유다. 여자라면 거리낄 이유가 없을 것이다. 왜냐고? 아래의 팁을 살펴보자.

1. 상자해파리가 자주 나타나는 지역을 알아둘 것 – 대부분의 상자해파리는 오스트레일리아, 남태평양, 인도네시아 인근 해역에 모여 있다.

2. 해독제 – 과학자들이 개발한 해독제는 매우 광범위하게 사용된다. 독소를 중화시키기 위한 1회분의 약을 챙겨 몸에 지니자. 해독제가 없다면 식초와 같은 아세트산을 사용해도 도움이 된다. 그러나 시간이 지나면 쇼크나 메스꺼움, 구토, 호흡 곤란 등이 나타나거나 증상이 악화될 수 있으니 재빨리 처치해야 한다. 식초는 신속하게 독을 중화시켜 위험을 줄여준다.

3. 팬티스타킹을 준비할 것 – 상자해파리를 막을 보호복은 엄마들이 자주 입는 팬티스타킹이다. 입으면 조금 창피하고 이상하겠지만, 지

난 몇 년간 오스트레일리아의 구조 요원들은 이것을 자주 애용했다는 걸 잊지 말자. 해파리는 피부에서 나오는 화학 물질을 감지해 공격하는데, 구조 요원들은 팬티스타킹의 나일론 성분이 다가오는 상자해파리를 막을 수 있다는 걸 알아차렸다. 팬티스타킹이냐 죽음이냐! 이게 과연 고민거리나 될까?

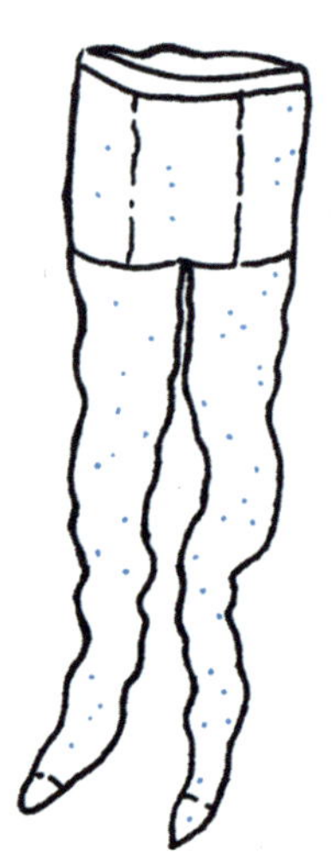

가짜 코딱지 만드는 방법

상자해파리가 우리에게 치명적일 순 있지만, 실제 몸은 콧물과 비슷한 끈적한 단백질 덩어리에 지나지 않는다. 코딱지는 우리 몸에서 생긴 단백질 중 하나며, 이 실험에서 우리는 그 어떤 상황에서도 진짜처럼 보이는 가짜 코딱지를 만들 것이다. 정확한 양의 식용 색소를 이용한다면, 보기만 해도 역겨운 초록색 코딱지도 만들 수 있다. 그것을 어디에 사용하느냐고? 그건 나도 모르지!

준비물

따뜻한 물 한 주전자,

세탁 세제 약간,

초록색 식용 색소,

엘머 접착제 조금(목공 본드),

커다란 그릇 두 개,

컵 한 개와 숟가락 몇 개

실험 방법

1. 준비한 그릇에 따뜻한 물을 0.5L 정도 붓는다.

2. 1에 세탁 세제 1/8컵을 섞은 다음 식도록 둔다.

3. 다른 그릇에 물 세 숟갈, 접착제 두 숟갈을 섞는다. 색깔이 마음에 들 때까지 식용 색소 몇 방울을 떨어뜨린다.

4. 2의 다 만들어진 혼합물을 숟가락으로 떠서 3에 넣어 섞는다. 가짜 코딱지 완성! 이젠 즐길 일만 남았다.

가짜 코딱지에 들어 있는 단백질과 당은 우리 몸에서 만든 것과 다르지만, 성질이 비슷하다. 길게 늘어나고 끈적하다. 만약 이 코딱지 혼합물을 가지고 있다면 진짜인 것처럼 행동해야 한다는 사실을 명심하자. 그러면 아무도 그 차이를 모를 테니까.

주둥이가 쩍!

악어떼 Alligators

오늘날, 몇몇 전문 악어 레슬러만 남아 있을 뿐이지만, 악어와의 레슬링은 아메리카 원주민이 악어를 맨손으로 사냥하던 그 시절부터 시작되었다. 여기에서 경고! 악어 레슬링은 기술과 속도, 재빠른 판단이 필요한 매우 위험한 훈련이다. 그렇긴 해도 한번 익혀두면 언젠가는 생명의 은인이 될지도 모를 일.

서바이벌 팁

아직까지 악어와 레슬링을 단 한 번도 해보지 않았다면 미리 알아 둘 몇 가지 사항이 있다. 신체 일부를 잃고 싶지 않다면 다음을 기억하자.

1. 전문 악어 레슬러를 찾아라 – 가장 안전한 방법 중 하나다. 악어 레슬러는 악어 태클의 장단점을 모두 알고 있으며, 악어 레슬링에서 이기는 몇 가지 팁을 알려줄 것이다.

2. 작은 악어부터 시작하라 – 작은 악어부터 연습하는 것이 기술을 닦기에 가장 좋은 방법이다. 작은 악어들은 큰 악어에 비해 다루기 쉽고 힘이 덜 세므로 좀 더 수월하게 악어를 제압할 수 있을 것이다.

심화 훈련

다 자란 야생 악어도 문제없다고? 그런 자신감이라면 오케이! 다만 따라야 할 간단하지만 중요한 몇 가지 팁을 알아보자.

1. 항상 뒤에서 접근할 것 – 악어의 정면이나 측면에서 접근하면 물릴 가능성이 높다. 뒤에서 다가가야만 상대가 다가오는 걸 악어가 눈치채지 못한다.

2. 셔츠로 악어를 덮을 것 – 셔츠나 티셔츠를 벗어 악어의 머리 위에 던져 눈을 가려야 한다. 앞이 보이지 않으면 악어의 반응이 점점 느려진다.

3. 뒤에서 접근해 뛰기 시작한 다음 팔을 쭉 뻗은 상태로 악어 위에 올라타라. 한 손은 악어의 목 위에, 다른 한 손은 턱 아래쪽과 앞다리 사이에 넣는다. 다리를 벌린 채 몸과 다리를 끌어당겨 무게를 더해 악어가 움직일 수 없도록 한다.

4. 입을 제압할 것 – 악어 위에서 머리를 누르며 악어가 입을 벌리는 것을 막는다. 그 다음 양손을 턱 아래쪽의 2/3 지점에 밀어 넣는다. 엄지손가락이 턱 아래쪽에 오도록 한 상태로 손가락 깍지를 끼고, 확실

하게 움켜쥔다. 악어의 턱을 닫기 위해서는 반드시 두 손을 사용해야
만 한다.

5. 들어 올리기 – 모든 힘을 다해 악어의 머리를 들어 올린 다음 $90°$
각도로 세운다. 한번 이 자세를 잡으면 악어를 이긴 거나 다름없다.
잘했어! 이렇게 첫 번째 악어와 레슬링을 하는 데 성공했다.

6. 안전하게 내리기 – 다리를 악어의 몸 위에 올려 압력을 유지한 채
로 균형을 맞추면서 내려오는 일은 결코 쉽지 않다. 매우 간단한 팁은
접근했던 방법을 거꾸로 실행하는 것이다. 머리와 몸 위에서 계속 압
박을 가해야 한다. 잡아당겼던 다리를 내리는 동안 머리와 목에 압력
을 가한 뒤 악어를 앞으로 던진다. 도망갈 시간을 버는 좋은 방법이
다. 악어와의 거리를 최대한 벌려야 한다. 이 과정 후에도 악어가 노
려본다면, 재빠르게 직선거리로 멀찌감치 이동하고, 뛸 준비를 하자.
그러면 악어는 포기하고 만다.

바다의 제왕

고래 Whales

솔직히 고백하건대, 고래에게 통째로 잡아먹히는 일은 결코 있을 수 없다. 잡아먹히자마자 고래가 침을 뱉어 바다에 떨어졌다는 몇몇 선원들의 이야기가 있지만, 사실인지 거짓인지는 아직까지 제대로 입증되지 않았다. 대신 분명한 것은 이 거대한 생물 때문에 우리가 곤경에 처할 수도 있다는 사실이다.

고래를 본 사람들, 즉 선원들과 과학자들은 항상 이 거대한 해양 동물의 특이한 행동을 관찰하고 싶어 했지만, 지구에서 가장 큰 생물의 몸속으로 들어가기 위해 무엇을 해야 하는지 그 누구도 알지 못했다. 고래가 '브리칭(breaching)'하는 장관을 보기 위해 무엇을 해야 하는지 알고 있는

가? ‘스파이 홉(spy hop)’과 ‘롭테일링(lobtailing)’의 차이점을 얘기할 수 있는가? ‘버블 트레일(bubble trail)’이 어떤 행동인지 아는가? 만약 모든 질문에 ‘아니오’라고 대답한다면, 이 책을 절대 손에서 놓지 못할 것이다. 자연의 숨겨진 비밀 중 일부를 발견하게 될 테니 말이다.

스파이 홉핑 Spy Hopping

고래가 몸을 들어 수면에 수직으로 머리를 세운 자세를 유지하는 것. 이름 그대로 스파이처럼 주위를 둘러보고 경계하기 위해 하는 고래의 영리한 행동으로, 때로는 몇 분 동안 지속된다. 몇몇 전문가들은 사람이 물 속에서 몸을 세워 헤엄치는 것과 비슷한 행동이라고 얘기하기도 한다.

롭테일링 Lobtailing

고래가 꼬리(갈라진 꼬리)를 물 밖으로 들어 올린 뒤 빠르고 세게 수면을 내리치며 물보라를 만드는 행동. 대부분 고래들이 연속해서 이 행동을 하며, 전문가들은 롭테일링을 하면서 생기는 소리와 파도로 다른 고래와 의사소통을 할 것이라고 추측한다. 롭테일링이 만든 커다란 파도는 보트의 옆을 강하게 칠 정도로 세기 때문에, 배 가까이에서 이런 행동이 일어나면 주의해야 한다.

브리칭 Breaching

고래가 스스로 공중에서 회전하고 수

면 아래로 돌아오는 행동. 한 마리, 또는 여러 마리가 함께 하기도 하며, 자주 반복해서 점프하는 행동을 하기도 한다. 그 모습은 정말 멋지지만, 옆에 있다간 매우 위험할 수 있다. 몇몇 탐험가들은 브리칭하는 고래에 부딪힌 적이 있다.

버블 트레일 Bubble Trails

먼 길을 떠나는 고래가 뒤에 남긴 멋진 거품 줄기를 가리키며, 고래의 숨구멍으로부터 나와 기차처럼 길게 이어져 있다. 이 눈부신 장면은 다른 고래들과의 경쟁에서 연출되기도 한다. 종종 경쟁 상대로부터 몸을 숨길 때 사용하기도 하며, 거품이 일종의 가림막 역할을 해서 물 밑에 있는 다른 고래의 시야를 방해하기도 한다.

●상식이 톡톡!

· 수염왕 고래 : 북극해에 서식하는 북극고래(Bowhead Whale)는 길이가 3m나 되는 긴 수염을 가지고 있다. 반면 수염의 길이가 가장 짧은 고래는 밍크고래로 수염의 길이가 30cm에 불과하다.

· 가수왕 고래 : 혹등고래(Humpback Whale)는 고래 중에서 가장 다양하고 긴 소리(노래)를 내는 것으로 알려져 있다. 그 소리는 주변 물고기가 기절할(?) 정도로 매우 크며, 물 밖에서도 들을 수 있다.

· 스피드왕 고래 : 고래 중에서 최고 속도를 자랑하는 범고래는 시속 55.5km의 속도로 이동할 수 있다.

· 잠수왕 고래 : 향고래(Sperm Whale)는 깊이 3km까지 잠수할 수 있으며, 길게는 90분 동안 숨 쉬지 않은 채 물속에서 지낼 수 있다.

- 2010년, 남아프리카 케이프타운에서 고래 여행을 떠난 여행자들은 길이가 10m, 무게가 40톤에 이르는 남방흰긴수염고래(Southern Right Whale)가 요트에 뛰어드는 기이한 사고를 당했다. 운이 좋게 이들은 도망쳤으며, 다행히 승객과 고래 모두 부상을 당하진 않았다.

- 2009년, 바하 칼리포르니아, 가보 산 루카스 해안에서 어느 고기잡이 배가 브리칭하는 고래에 충돌한 후 거의 침몰 직전이었다. 선장은 가까스로 선박을 해안까지 끌고 오는 데 성공했는데, 그의 배가 무게 40톤짜리 고래와의 충돌을 견디고, 공중으로 1m 이상 날아갔다는 걸 믿을 수 없었다.

- 레이스를 멈춘 고래들 – 2011년 오레곤 주 게이프 디스어포인트먼트에서 4km 떨어진 곳에서 국제 해양 레이스에 참가한 한 범선의 선원들은 레이스를 하던 도중 고래의 습격을 받았다. 혹등고래로 보이는 고래가 배 위로 떨어졌고, 배의 돛대와 밧줄 등이 파괴되었다. 선원들은 미국 해양 경비대에 의해 안전하게 구조되었다. 기적적으로 다친 승무원은 없었지만, 보트에 남겨진 고래의 지방 조각과 따개비 등을 볼 때 고래에는 작은 상처가 남은 것으로 보인다.

만지지 마, 다쳐!

독화살개구리 Poison Dart Frogs

독화살개구리는 매우 작고 귀엽고 색이 화려하지만, 세상의 모든 고통을 안겨줄 만큼 무시무시한 생물이다. 남아메리카의 열대 우림에서 주로 서식하며, 매우 선명한 빨간색, 파란색, 금색, 초록색 등으로 된 무늬를 가지고 있다. 화려한 몸 색깔 덕분에 '열대 우림의 보석'이라고 불리기도 한다.

전 세계적으로 155종 이상이 살고 있으며, 독을 가지고 있는 것은 65종 정도다. 이들 중 황금독화살개구리는 가장 치명적인 독을 가지고 있는 것으로 알려져 있다. 몸길이는 5cm 정도로 매우 작다. 과학자들은 성체 개구리 한 마리가 2만 마리의 쥐와 10명의 사람을 죽일 수 있을 만큼 독을 가지고 있다고 추측한다.

황금독화살개구리

열대 우림의 독성 식물을 먹는 곤충을 먹고 산다. 과학자들은 이 점에 주목했다. 바로 황금독화살개구리의 독소가 그들의 먹잇감으로부터 제공된다고 생각한 것. 사람이 사육하는 화살개구리는 그 어떤 독소도 가지고 있지 않다는 점을 고려하면 신빙성이 있는 주장이었다.

남아메리카 인디언 부족은 사냥에서 동물을 죽이기 위해 화살촉과 화살 피리에 독화살개구리의 독을 사용했다. 독은 원숭이를 즉사시킬 만큼 강력하고 치명적이다. 실험실 연구에서 몸무게가 68kg인 성인의 치사량은 소금 입자 2개 정도와 비슷한 양인 것으로 밝혀졌다.

치명적인 독소는 독화살개구리가 두려움을 느끼거나 스트레스를 받을 때, 아픔을 느낄 때 귀 뒤에 있는 샘에서 분비된다. 색은 투명하거나 우윳빛을 띤다. 이 독소는 신경독의 일종인데, 뇌와 신경 신호에 문제를 일으켜 입에 거품이 생기거나 경련, 심장 마비 등이 나타나며 이 때문에 목숨을 잃을 수 있다.

독화살개구리의 선명하고 화려한 몸 색깔은 경고의 의미다. '저리 가! 나 건들지 마!'라는 일종의 표현인 셈. 간식거리를 찾아 근처를 헤맬지도 모르는 포식자들에 대한 외침이다. 그런데 놀랍게도 야생에서 독화살개구리를 먹잇감으로 삼는 포식자가 있다. 그 주인공은 아마존 땅뱀. 이 뱀은 독화살개구리의 독소를 견딜 수 있다.

독화살개구리의 독 중 일부를 의약품으로 활용하려는 연구가 활발하게 진행되고 있고, 실제 사용되기도 한다. 독화살개구리의 독성분 중에서 강력한 진통 작용을 가진 에피바티딘(Epibatidine)이 그 주인공. 처음에는 독성이 강해 사용하지 못했지만, 연구 끝에 모르핀보다 200배가 넘는 진통 효과를 보이는 물질을 합성하는 데 성공했다. 또한 중독이나 금단 증상도 관찰되지 않아 모르핀 대신 이용되고 있다.

서바이벌 팁

1. 당신이 똑똑하건 체계적이건 별로 상관이 없다. 독화살개구리의 독은 해독제가 없기 때문. 독에 닿지 않게 관리하는 게 최우선이다!

2. 독화살개구리는 사람 10명을 죽이기에 충분한 양의 독을 가지고 있다. 일부 탐험가들은 남아메리카의 열대 우림의 탐험 그룹 중에서 가장 똑똑한 탐험가는 '11번째 탐험가'라는 농담을 얘기하기도 한다.

3. 사실 살아남기 위한 가장 간단한 규칙이 있다. "보이지? 그래도 절대 만지지 마!"

감자 화살총 만들기

감자 화살총과 함께 탐험가 놀이 끝판왕이 되어 보자. 2인용으로 만들면 더 재미있겠지? 감자 화살총을 만드는 방법과 어떤 것을 목표물로 삼으면 되는지, 갖가지 정보를 공개한다.

준비물

구리 파이프 한 조각,

큰 감자 여러 개,

금속 네일 파일(손톱 끝을 갈아 고르게 만드는 줄),

구리 파이프보다 가는 나무 막대 또는 대나무 줄기

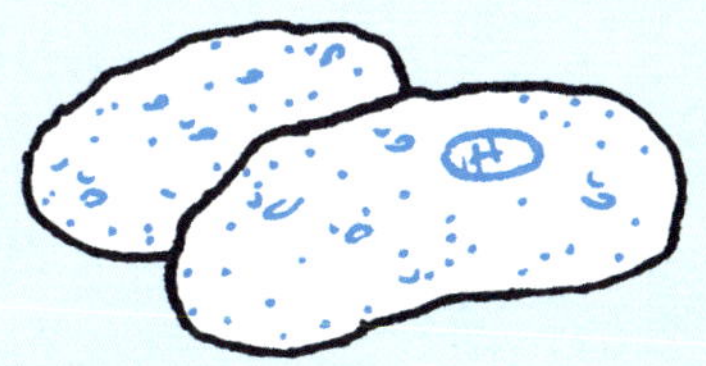

실험 방법

1. 금속 네일 파일을 이용해 파이프 양쪽 끝이 매끄럽게 한다.

2. 큰 감자 중 하나를 바닥에 내려놓는다.

3. 구리 파이프를 감자 속으로 밀어 넣는다. 그 다음에는 파이프의 다른 쪽 끝을 감자 속으로 밀어 넣는다. 이렇게 하면 파이프 양쪽 끝에 감자가 채워지게 된다.

4. 나무 막대나 대나무 줄기를 구리 파이프 안으로(절반 정도 들어가게) 밀어 넣으면, 감자 화살총이 '로드'된 상태다. 그 다음 목표물을 찾고, 손을 나무 막대나 대나무 줄기 끝에 놓은 다음 세게 눌러라! 첫 번째 감자 다트가 발사되는 순간이다.

과학이 톡톡!

구리 파이프의 양쪽 끝에 감자를 채우면 그 안은 밀폐된 상태다. 즉 파이프 안에 공기가 닫혀 있는 상태인 것. 튜브를 따라 감자 조각 하나를 밀어내면 감자 두 조각 사이의 공간이 더 줄어든다. 그렇게 파이프 안의 공기가 압축되면 압력이 커진다. 이때 파이프 내부 공기 압력은 감자의 움직임을 방해하는 마찰력보다 커서, 나무 막대나 대나무 줄기로 파이프 안을 밀면 앞쪽의 감자가 매우 빠른 속도로 발사된다. 마치 독화살 총에서 화살이 나가는 것처럼 말이다.

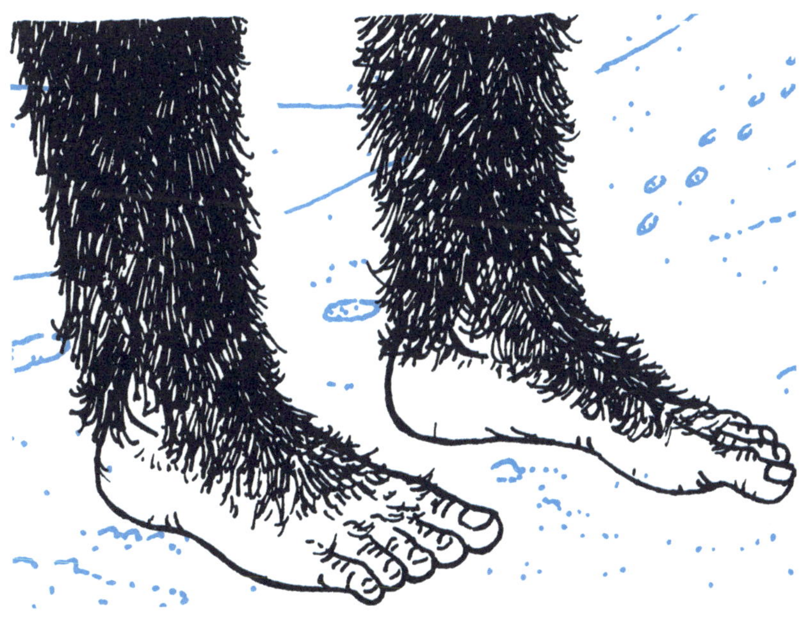

히말라야 설인 The Abominable Snowman

전 세계에 걸쳐 모험을 준비한다면 히말라야 설인에 대해 잘 알고 있는 게 좋다. '예티'라고도 알려진 이 의문의 생물은 인도, 네팔, 티베트 지역을 가로지르는 히말라야 산맥 지역의 원주민으로 추측된다. 그러나 많은 전문가는 이 신화 같은 존재가 북아메리카 원주민으로 알려진 '사스콰치', 즉 '빅풋' 신화와 연관된 생물일 것이라고 믿고 있다.

배경 사실

다양한 보고서와 목격담에도 크고, 털이 덥수룩하고, 원숭이와 비슷하게 생겼으며, 두 발로 걷는다는 점에서 히말라야 설인과 빅풋의 모습은 매우 비슷하다. 목격자들의 증언으로는 히말라야 설인의 키는 서 있을 때 2~3m 정도다. 성인의 무게는 최대 230kg 이상이며, 어두운 갈색이나 어두운 붉은색 머리로 덮여 있다. 많은 반인반원(반은 사람, 반은 원숭이처럼 보인 설인을 뜻함)의 목격담을 살펴보면, 이들은 위험을 무릅쓰고 가장 외딴 산봉우리들만 돌아다니는 것으로 보인다.

● 상식이 톡톡!

히말라야 설인이나 히말라야 예티에 관한 이야기는 전 세계 어디에서나 들을 수 있다. 네팔 정부가 1950년대 예티 사냥 허가증을 발급해, 예티 한 마리당 600달러(67만 원 정도)를 현금으로 지급하는 정책을 펴면서 예티는 점점 더 유명세를 탔다. 지금까지 죽든 살았든, 예티의 존재를 검증할 수 있는 표본을 잡는 데 성공한 사람은 아무도 없다.

서바이벌 팁

위험을 무릅쓰고 전 세계에서 가장 춥고, 가장 외진 곳으로 여행하길 고집한다면, 알아야 할 것이 많다. 몇 가지 꼭 주의해야 할 사항을 살펴보자.

1. 셰르파 팀을 꾸릴 것 – 셰르파는 히말라야 산속에 사는 티베트계의 네팔 사람들로, 히말라야의 위험으로부터 탐험가들을 지키고 길을 안내하는 전통을 가진 전문 가이드다. 셰르파들은 변화무쌍한 히말라야 날씨를 잘 알고, 산에 익숙해지도록 도와주며, 최적의 경로로 안내한다. 여기서 주의할 점은 셰르파가 예티를 크게 두려워할 수 있다는 사실이다. 그들은 단지 먼 곳까지 데려다 줄 뿐이며, 셰르파가 두려움을

느낀다면 화를 내거나 예티로 돌변(?)할지도 모른다.

2. 어두울 때 쓸 수 있는 고글을 챙길 것 – 예티는 야행성으로 알려졌으므로, 야간용 고글을 이용한다면 놓치지 않고 목격할 수 있을 것이다.

3. 주의 깊게 소리를 들을 것 – 목격자들은 예티가 음식을 발견하면 휘파람을 불거나 으르렁거리며, 돌을 옆으로 던진다고 주장한다. 그러니 주의해서 소리를 잘 들어보자.

4. 치명적인 한 방 – 전설에 따르면 예티는 선 채로 공격할 수 있으며, 단 한 방으로 사람을 죽일 수도 있다고 한다. 예티가 한 방으로 야크(들소 크기의 동물)를 죽였다는 이야기는 수도 없이 많다.

5. 빠르고 조심스레 움직일 것 – 고대 기록에는 예티가 '2~4개의 다리'로 '신속하게 이동'하는 능력이 있다고 적혀 있다. '예티들이 아프거나 죽은 경우에만 잡을 수 있을 것'이라는 으스스한 문장도 찾아볼 수 있다.

지구에서 살아남기

초판 1쇄 발행 2013년 7월 22일
초판 2쇄 발행 2015년 3월 23일

지은이 제임스 도일
옮긴이 신기해
펴낸이 김영범
펴낸곳 토트 · (주)북새통

편집주간 김난희
마케팅 김병국, 추미선
관리 최보현, 남재희

디자인 su:

주소 서울시 마포구 서교동 465-4 광림빌딩 2층
대표전화 02-338-0117
팩스 02-338-7161
출판등록 2009년 3월 19일 제 315-2009-000018호
이메일 thothbook@naver.com

© 제임스 도일, 2012

ISBN 978-89-94702-33-9 13450

잘못된 책은 구입한 서점에서 교환해 드립니다.